西藏高原地表参数遥感监测方法研究

除 多◎著

U0353652

气象出版社
China Meteorological Press

内容简介

本书以 MODIS 卫星为主要遥感信息源,结合同步的地面观测数据,建立了西藏高原草地地上生物量、植被覆盖度、地表温度、土壤湿度、地表反照率、蒸散量和湖泊面积等主要地表参数遥感监测方法和反演模型。研究成果不仅应用于揭示西藏高原地表与大气之间的能量平衡和交换过程,更为重要的是为西藏高原的植被长势、草地退化、干旱、森林火灾及生态环境变化的遥感监测领域服务。

本书内容丰富,突出基础研究与应用相结合,可供从事卫星遥感、气象、生态、草地畜牧业和青藏高原相关研究的科研业务人员及高等院校师生阅读、参考。

图书在版编目(CIP)数据

西藏高原地表参数遥感监测方法研究/除多著. —北京:
气象出版社,2015.12
ISBN 978-7-5029-5905-0

Ⅰ.①西…　Ⅱ.①除…　Ⅲ.①遥感技术-应用-青藏
高原-地面观测　Ⅳ.①P412.1-39

中国版本图书馆 CIP 数据核字(2015)第 285313 号

出版发行:气象出版社
地　　　址:北京市海淀区中关村南大街 46 号　　　　邮政编码:100081
总 编 室:010-68407112　　　　　　　　　　　　　发 行 部:010-68409198
网　　　址:http://www.qxcbs.com　　　　　　　　E-mail:qxcbs@cma.gov.cn
责任编辑:蒯学东　　　　　　　　　　　　　　　　终　审:阳世勇
封面设计:八　度　　　　　　　　　　　　　　　　责任技编:赵相宁
印　　　刷:北京中新伟业印刷有限公司
开　　　本:787 mm×1092 mm　1/16　　　　　　　印　张:9.5
字　　　数:246 千字　　　　　　　　　　　　　　彩　插:2
版　　　次:2015 年 12 月第 1 版　　　　　　　　印　次:2015 年 12 月第 1 次印刷
定　　　价:40.00 元

前　言

　　地表特征和下垫面物理性质在时空分布上的差异,不仅对地表能量、动量和质量的分布产生极大的影响,而且地表特征参数的变化与环境变化过程和生态环境问题紧密相关。为了定量描述地一气间能量、动量和质量的交换过程及生态环境变化过程,首先需要精确地反演和监测地表特征参数,主要的地表特征参数有植被生物量、覆盖度、地表温度、土壤湿度、地表反照率、蒸散量及其他特征物理参数。定量监测和反演这些地表参数不仅是研究地表能量和物质平衡的基础,而且与干旱和植被退化等灾害和生态环境变化直接相关。在地表参数中,植被的生物量是一定区域内植被的生产量,对其估算不仅对研究陆地生态系统植被生产量、碳循环、营养分配等方面具有重要意义,而且生物量的大小直接影响人类对地表植被的利用特点;植被覆盖度是植被群落覆盖地表状况的一个综合量化指标,它不仅是区域生态系统环境变化的重要指标,而且对水文、生态、全球变化等都具有重要的意义;地表温度和土壤水分是地表与大气之间物质交换和能量平衡的重要参数,对干旱、植被长势和森林火灾监测及其他灾害监测具有重要的理论和应用价值。

　　地表反照率表征地球表面对太阳辐射的反射能力,是制约地气系统辐射能量收支的关键因子,也是影响大气运动最重要的因素之一。反照率影响地一气间能量的交换,从而深刻影响局地、区域乃至全球的气候变化。精确计算下垫面反照率可以发现和揭示局地和区域气候形成的内在机制,提高中、长期气候预测的精度。蒸散发包括土壤蒸发和植物蒸腾,在全球水文循环中起着重要作用,有效估算蒸散发在区域农业生产、干旱区水资源的规划管理等方面具有重要的应用价值。

　　传统的地表参数是通过地面观测来获得的,这种定点观测方法精度较高,但是在地面布设的气象站和生态站毕竟分布有限,且仅能代表某一局地特点,在幅员辽阔、地形复杂的西藏高原等绝大部分地区地面观测获取的地表参数信息非常有限。由于遥感技术的飞速发展和各种不同时间、空间、波谱分辨率遥感数据的增多,近年来卫星遥感已成为地表参数反演和监测最为有效的手段,尤其是在大范围地表参数的监测和反演中发挥着不可替代的作用。其中,大尺度地表参数监测中目前应用最为广泛的是 Terra 和 AQUA 卫星所携带的中分辨率成像光谱仪 MODIS,该传感器是当前世界上新一代"图谱合一"的光学遥感仪器,其较高的光谱和空间分辨率特点,加上较为成熟的反演算法、根据不同用户需求开发的系列产品以及完善的产品共享网站,在区域到全球的地表参数、自然灾害与生态环境监测及全球变化的综合性研究中得到了广泛应用。

　　遥感监测地表参数是通过地表反射和发射的电磁波被卫星传感器接收信号强度的大小和差异来间接地获取地表参数的。此外,MODIS等已有卫星遥感反演算法具有很强的区域性特点,其结果往往是针对某一特定地区的反演算法,对其他地区,尤其是像西藏高原这种高海拔、复杂地形以及非均一下垫面地区往往并不适用或无法满足精度要求。所以，遥感反演和监测方法必须要通过地面观测数据针对局地到区域的特点进行验证和改进，进而提高反演和监测结果精度。因此，本书以 MODIS 卫星为主要遥感信息源，结合同步的地面观测数据，以西藏高原中部为主要研究区域，建立了一套适合西藏高原的地表参数遥感监测方法和反演模型。研究成果不仅应用于揭示西藏高原地表与大气之间的能量平衡和交换过程，更为重要的是为西藏高原的植被长势、草地退化、干旱、森林火灾及生态环境变化的遥感监测领域服务。

本书共 11 章，第 1 章系统地分析了高寒草甸、高寒草原、温性草原和高寒沼泽化草甸四种西藏高原典型草地类型地上生物量季节动态变化特征和生长规律。第 2 章阐明了基于 MODIS 遥感信息建立的西藏高原中部植被生长季节和不同月份草地地上生物量定量遥感监测模型和方法。第 3 章论述了高寒草原、高寒草甸和温性草原三个西藏高原典型草地类型的地上生物量估算模型和方法，并揭示了不同草地类型遥感监测方法上的差异。第 4 章在分析藏北主要草地类型的地上生物量大小和差异基础上，建立了基于 MODIS 植被指数的草地地上生物量遥感监测和估算模型。第 5 章重点描述了草地地上生物量与土壤湿度之间的关系。第 6 章和第 7 章分别论述了基于 MODIS/Terra 遥感数据的西藏高原植被覆盖度估算方法和土壤水分遥感监测模型。第 8 章利用 MODIS 遥感数据反演了西藏高原中部的地表温度，并将反演结果分别与 NASA 地表温度标准产品和气象站实测地表温度进行了对比与验证。第 9 章首先利用藏北那曲反照率地面观测数据分析了其日内、月均和季节变化特点，在此基础上，与同期的 MODIS/Terra 反演结果进行了对比分析，并提出了改进的反照率遥感反演模型。第 10 章利用 SEBS 模型结合 MODIS 数据和气象观测数据，计算了藏北那曲的地表蒸散量，并针对藏北高原特点提出了改进方案。湖泊作为西藏高原重要的地表特征参数之一，湖泊水域的变化不仅是流域水量平衡的综合结果，对气候变化和人类活动的影响具有高度敏感性，为此，以西藏高原南部典型湖泊羊卓雍错为例，在最后一章着重介绍了湖泊面积变化的遥感监测方法，并对其主要驱动因子进行了分析。书中最后部分附有所有草地地上生物量观测数据，仅供相关科研人员参阅和应用。

本专著的第 8 章和第 10 章是在作者的指导下分别由贺洁颖和拉巴本撰写的，其余是作者和课题参与人员多年科研工作的积累和总结。本书研究成果从野外观测采样到最后的出版得到了西藏自治区重点科技计划项目(201015)、国家自然科学基金项目(40361001)和中国气象局公益性行业(气象)科研专项(GYHY201206040)的共同资助，特此表示感谢。由于这些不同来源的项目资助使得本研究野外观测、室内分析以及最终的成果展现给读者成为可能。此外，我的同事德吉央宗、普布次仁、次仁多吉、程华、姬秋梅、唐洪、扎西顿珠等参加了大量的野外观测，以及气象出版社的蔺学东老师在出版过程中给予了大量帮助，一并致以谢意。

本书多数章节经过同行专家的评审和多次修改，由于作者水平所限，在很多方面可能存在不足与改进之处，希望广大读者批评指正。

除 多

2015 年 5 月 5 日于拉萨

目　录

Ⅰ

Contents

第1章 典型草地地上生物量季节变化特征

【摘　要】　采用高寒草甸、高寒草原、高寒沼泽化草甸和温性草原4种西藏高原典型草地类型地上生物量定点观测数据,分析了其地上生物量季节动态变化特征和生长规律。结果表明,高寒沼泽化草甸地上生物量最高,其中的围网草地年均地上生物量达 384.45 $g \cdot m^{-2}$,比无围网草地地上生物量高 73%,且是温性草原类草地生物量的 6 倍,是高寒草甸和高寒草原类草地的 12~14 倍,与自由放牧相比,围栏禁牧措施可以明显提高草原地上生物量,是改良退化草地最有效的措施之一;温性草原草地生产力大于高寒草甸和高寒草原,城市附近山地草地生物量显著大于远离城市的地区,表明城市化进程降低了天然草地放牧强度,是恢复退化草地生产力的有效途径之一;属半干旱气候类型的西藏高原中部,降水是制约草地植被生长的主要因子;草地地上生物量的绝对增长速率和相对增长速率的季节动态均在生物量达到高峰期前是正增长,之后为负增长。区域水热条件差异及其季节性变化导致了不同草地类型或同一类型不同区域的草地最快生长期在出现的时间上存在一定的差别。

【关键词】　典型草地　地上生物量　季节变化　西藏高原

　　生物量是草地生态系统获取能量、固定 CO_2 的物质载体,是生态系统结构组建的物质基础[1-3]和生态系统最基本的数量特征之一[4]。在草地生态系统中,草地生物量是最为活跃的碳库,代表初级生产力的基本水平,决定草场的载畜能力[5,6]。草地地上生物量的动态变化研究,可以为人们了解草地生态系统的物质循环和能量流动提供基本资料,生物量的大小和季节变化直接影响人类对草地资源的利用方式,是实现草地可持续利用和管理的重要理论根据。

　　近年来,很多学者对青藏高原的草地地上生物量季节动态及草地生态系统碳循环开展了许多研究[7-10]。西藏是青藏高原的主体,也是我国 5 大牧区之一。草地是西藏分布面积最广的生态系统类型,是西藏畜牧业赖以生存和发展的物质基础。根据 20 世纪 80 年代开展的西藏自治区第一次草地资源调查结果[11],西藏各类天然草地面积为 8106.71×10^4 hm^2,占全国天然草地总面积的五分之一,居各省(区、市)之首。西藏天然草地面积占西藏总土地面积的71.15%,是西藏农耕地面积的 232 倍,是各类林地面积的 11.4 倍。草地在各土地类型面积中所占比例位居全国首位。西藏各草地类中,按草地面积大小排列以高寒草原类草地分布面积最大,有 3158.88×10^4 hm^2,占全区草地面积的 38.94%,其次是高寒草甸草地类,面积2536.75×10^4 hm^2,占 31.27%,两者的面积为西藏天然草地总面积的 70.21%,为西藏天然草地的主导类型;第 3 是高寒荒漠草原草地类,面积 867.88×10⁴ hm²,占 10.70%,第 4 是高寒草甸草原草地类,面积 593.90×10⁴ hm²,占 7.32%;第 5 是高寒荒漠草地类,面积 544.17×10⁴ hm²,占 6.71%;第 6 是温性草原草地类,面积 178.60×10⁴ hm²,占 2.2%;第 7 是山地草甸类,面积 132.83×10⁴ hm²,占 1.64%。以上 7 个草地类面积占全区草地面积的 98.78%,是西藏草地的主体类型。

由于西藏高原独特的地理位置、复杂的气候类型和多样的环境形成了类型繁多而复杂的草地植被,既有热带、亚热带分布的草地类型,又有温带、亚寒带、寒带分布的草地类型。因此,从西藏高原复杂的草地植被类型中选取代表性的草地植被类型,研究其生物生产力的季节性动态变化规律,不仅能揭示高寒草原不同生态系统的结构、功能及生物生产力形成机制等生态过程,有助于了解草地生产力的时空分布特点和利用方式,而且对如何有效地开发和利用草地资源,优化草地资源的管理模式和利用方式,进而实现草地资源的可持续发展具有重要的理论和生产指导意义。

本章采用西藏高原高寒草甸、高寒草原、高寒沼泽化草甸和温性草原 4 种典型草地类型地上生物量定点观测数据,分析其季节动态变化特征和生长规律,揭示不同草地类型或同一类型不同区域的草地生物量在时间和空间上存在的差异,旨在为西藏草地资源的合理利用与管理、优化放牧结构和时间以及退化草地的恢复重建等提供基础资料和科学参考依据。

1.1 材料与方法

1.1.1 采样点概况

草地生物量野外采样点设置在西藏高原中部当雄县、墨竹工卡县和拉萨市周边,共 8 个采样点。该地区属于高原温带半干旱季风气候区,年均气温 1.5～7.8℃,分布特点是由南部雅鲁藏布江河谷和拉萨河谷向北部逐渐降低;年降水量为 340～594 mm,呈从东向西逐渐减少趋势[12]。

8 个草地采样点的草地类型、植被类型、经纬度、高程等信息见表 1.1,其中草地类型和植被类型数据源自西藏自治区第一次草地资源普查成果图件。采样点当雄 D 和日多 A 属于高山嵩草(Kobresia pygmaea)为建群种的典型天然高寒草甸草原类型,其中当雄 D 位于当雄谷地远离公路和人类活动影响小的山坡上,而日多 A 位于其东部 170 km 处的墨竹工卡县日多乡东面宽阔平坦地段。当雄 B 和羊八井采样点是紫花针茅(Stipa purpurea)为建群种的典型高寒草原草地,伴有小莎草,都位于当雄谷地,两者相距近 80 km,其中当雄 B 位于当雄县城以西远离公路的地段,羊八井采样点则位于羊八井镇北面远离公路和人类活动影响小的地段,都为天然草原。拉木乡和拉萨采样点位于拉萨河谷南面相对平缓的山麓冲积扇上,属藏白蒿(Artemisia younghusbandii)为建群种的西藏高原中部典型温性草原类型。采样点当雄 A 和日多 B 属于低地高寒沼泽化草甸,其中,当雄 A 位于当雄县城北侧 500 m 处,有围栏网保护,用于春季放牧,建群种为藏北嵩草(Kobresia littledalei);日多 B 位于当雄 A 采样点东部128 km处墨竹工卡县境内谷地,没有围栏网保护,建群种为小叶金露梅(Dasiphora parvifolia),伴有高山嵩草等草地类型。

表1.1 草地生物量采样点信息及数据源

Table 1.1 Grassland and vegetation types of 8 sampling points and data sources

采样点	经度 (°E)	纬度 (°N)	海拔高程 (m)	草地类型	主要植被类型	数据源
当雄 D	90.6275	30.2000	4590	高寒草甸 Alpine meadow	高山嵩草 *Kobresia pygmaea*	文献[13]
日多 A	92.2927	29.6908	4418	高寒草甸 Alpine meadow	高山嵩草 *Kobresia pygmaea*	文献[14]
当雄 B	91.0959	30.4948	4249	高寒草原 Alpine steppe	紫花针茅 *Stipa purpurea*	文献[13]
羊八井	90.4720	30.0761	4300	高寒草原 Alpine steppe	紫花针茅 *Stipa purpurea*	文献[13]
拉木乡	91.5444	29.8043	3720	温性干草原 Temperate steppe	藏白蒿 *Artemisia younghusbandii*	文献[14]
拉萨	91.1452	29.6251	3693	温性干草原 Temperate steppe	藏白蒿、白草 *Artemisia younghusbandii*, *Pennisetum flaccidum*	文献[14]
当雄 A	91.1257	30.4975	4233	高寒沼泽化草甸 Alpine swamp meadow	藏北嵩草 *Kobresia littledalei*	文献[13]
日多 B	92.0968	29.7099	4150	高寒沼泽化灌丛草甸 Alpine swamp meadow	小叶金露梅、高山嵩草 *Dasiphora parvifolia*, *Kobresia pygmaea*	文献[14]

1.1.2 研究方法

1.1.2.1 地上生物量的测定

8个典型草地类型的采样点设置在草地植被空间分布比较均一的地方。2004年1—12月对这8个采样点用收割样方称重法开展了每月15日和30日前后3 d内两次的草地地上生物量(aboveground biomass,AGB)采样工作,每次采样有50 cm×50 cm 的3个小样方,同时记录观测点的 GPS 数据、海拔高程、土地利用类型等。AGB 观测步骤:首先用50 cm×50 cm 面积的正方形线圈在草地采样点随机抛出,然后用锋利的刀片将3个50 cm×50 cm样方内的草地地上部分齐地面全部刈割,然后除去黏附的土壤、砾石等杂物后装入纸袋全部带回西藏自治区畜牧科学研究所草原试验室晒干,在实验室对所有样品的鲜草和干枯(包括立枯物和凋落物)部分分别进行分拣,之后在草原实验室的85℃烘箱中烘干至质量恒定后分别称重,最后3个样方内的质量求平均。绿色鲜草部分的质量即为草地鲜草的干物质质量(fresh dry matter,FDM),以下简称鲜质量;草地干枯质量包括立枯物和凋落物的质量(dead dry matter,DDM),以下简称干枯质量;这两个部分的合计值为草地干物质总和,亦即草地地上生物量(AGB),或称为草地总地上生物量。最后都换算成单位面积地上干物质质量(g·m⁻²)。

1.1.2.2　生物量增长率计算

植被的绝对增长速率(absolute growth rate,AGR)和相对增长速率(relative growth rate,RGR)用于分析和解释单位时间内生物量的净积累值。计算公式如下[15,16]:

$$AGR = \frac{B_{i+1} - B_i}{t_{i+1} - t_i} \tag{1-1}$$

$$RGR = \frac{LnB_{i+1} - LnB_i}{t_{i+1} - t_i} \tag{1-2}$$

式中:B_{i+1}、B_i 分别是 t_{i+1}、t_i 时刻的地上生物量。

1.2　分析与结果

1.2.1　高寒草甸地上生物量变化

高寒草甸类草地,是在寒冷而湿润的气候条件下,由耐寒的多年生中生草本植物为主而形成的一种矮草草地类型。西藏高原的高寒草甸一般多分布在海拔 4000 m 以上的高山地带,面积为 2536.75×10^4 hm²,占西藏总天然草地面积的 31.27%,为西藏第二大面积的草地类型,仅次于高寒草原草地类型[11]。

采样点当雄 D 和日多 A 是典型的高寒草甸类草原。当雄 D 点的地上生物量变化特点是1—4 月有减小趋势,值也比较小,一般在 18.6 g·m⁻² 以下,且都为干枯草地。年内地上生物量最小值出现在 4 月,只有 9.94 g·m⁻²。受低温的影响,该地区草地的返青期都比较晚,从 5月初开始有鲜草出现,但其所占份额仍较小,为 18.83%,5 月下旬这一比例又迅速上升,达64.21%;之后随着植物生长发育节律、气温的回升和降水量的增加,草地生物量的累积率迅速增大,草地产量迅速增大,8 月地上生物量达到年内最大值,总地上生物量和鲜草质量分别为49.63 g·m⁻² 和 47.74 g·m⁻²,鲜质量成分在 96% 以上,为年内最大(图 1.1)。从 9 月开始,

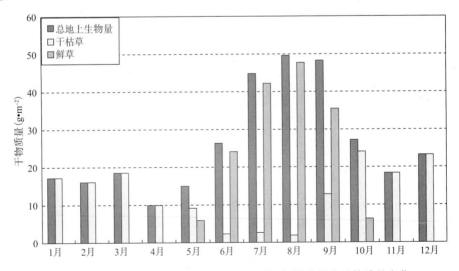

图 1.1　2004 年观测点当雄 D 月均地上生物量、鲜质量及干枯质量变化
Fig. 1.1　Monthly mean AGB,FDM and DDM of alpine meadow in Dangxiong D sample site in 2004

随着气温的下降和雨季的结束，地上生物量开始呈下降趋势，10月鲜草比重已降至23%，之后的11—12月只有干枯物质，大小一般保持在20 g·m⁻²左右。该点在7—8月夏季生物量都较大，处于一年中草地产量最高的阶段，在44 g·m⁻²以上，其中鲜草的比重在94%以上（表1.2）。年均地上生物量为26.24 g·m⁻²，其中鲜质量和干枯质量各占一半，分别为13.47和13.03 g·m⁻²。

表 1.2　2004年西藏高原典型草地类型月均鲜草干物质质量(g·m⁻²)

Table 1.2　Monthly mean fresh dry matter(FDM) of 4 typical grassland types in 8 sample sites in 2004

	月份	1月	2月	3月	4月	5月	6月	7月	8月	9月	10月	11月	12月
高寒草甸	当雄D	0	0	0	0	5.85	24.08	42.21	47.74	35.49	6.30	0	0
	比例(%)	0	0	0	0	38.95	91.25	94.13	96.19	73.48*	23.14		
	日多A	0	0	0	1.89	4.20	19.67	61.11	55.37	27.65	0		0
	比例(%)	0	0	0	6.10	14.71	62.17	92.38	95.53	62.94			
高寒草原	当雄B	0	0	0	1.26	5.46	24.57	45.15	44.52	38.15	5.04		
	比例(%)	0	0	0	11.25	36.97	87.31	93.89	87.12	78.19	19.62		
	羊八井	0	0	0	2.10	8.75	28.14	43.49	44.17	29.05	0		
	比例(%)	0	0	0	11.38	40.45	94.37	92.34	90.33	62.22	0		
温性草原	拉木	0		0	4.90	6.58	21.91	51.10	60.69	36.54	7.63		
	比例(%)	0		0	15.77	30.42	66.45	90.84	85.00	64.36	13.49		
	拉萨		0		0	22.54	38.99	75.64	74.31	68.60	23.45	0	0
	比例(%)		0		37.79	67.96	89.90	80.45	66.58	18.09	0	0	
高寒沼泽化草甸	当雄A	0	0	0	2.52	53.20	135.38	447.23	500.43	616.46	36.12	52.08	0
	比例(%)	0	0	0	1.38	29.11	66.97	90.84	95.43	86.64	6.55	12.11	0
	日多B	0	0	0	7.21	85.05	178.99	229.25	217.88	232.82	34.72	0	0
	比例(%)	0	0	0	4.30	37.04	73.07	89.80	80.73	78.36	16.69	0	0

同样，作为典型的高寒草甸类草地，日多A采样点月均生物量变化特点表现为：1—3月和10—12月草地地上生物量都以干枯物质形式存在，其中3月份处于年内草地产量最低的阶段，只有21.77 g·m⁻²，4月开始随着温度的逐渐上升，植被开始返青，出现了鲜草，但所占比重在6.5%以下，5月上升至14.71%，6月草地产量明显增大，鲜草比重达62.17%，7月达到年内最大值，为66.15 g·m⁻²，且大多为年内生长的鲜草部分，比重为92.38%，8月开始草地产量开始逐渐下降，但生物量保持在58.00 g·m⁻²左右，7—8月的鲜草部分比重很大，在92%以上（表1.2），9月开始草地产量显著减少，但鲜草的比例还在62%左右，到了10月便没有鲜草部分，仅为干枯物质（图1.2）。年均地上生物量为35.97 g·m⁻²，其中鲜质量和干枯质量分别为14.16和21.89 g·m⁻²，干枯地所占的比例相对较大一些，在60%左右。

由于东西部地区水热条件差异，即降水由东向西减少和温度由南向北部逐渐递减等水热条件的空间差异，加之西藏的雨季由东南向西北逐步推进的季节格局，同类型草地的地上生物量在东西部存在显著的时空差异。东部墨竹工卡县境内的草地产量明显高于西部当雄地区，西部当雄D采样点的年均地上生物量为东部日多A采样点的73%；东部在7月生物量达到年内最大值,而西部当雄 D 则在 8 月达到年内最大值;东部 4 月草地植被开始返青,西部从 5 月初开始有鲜草出现;东部从 10 月开始植被都已干枯,而西部地区仍有鲜草。东西部在草地植被的返青和生长季结束的时间上大致存在 1 个月的差异。在草地植被生长期地上生物量的季节变化均表现为单峰型。

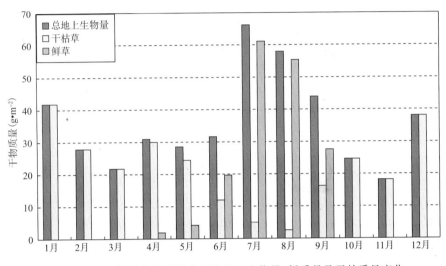

图 1.2　2004 年日多 A 采样点月均地上生物量、鲜质量及干枯质量变化

Fig. 1.2　Monthly mean AGB,FDM and DDM of alpine meadow in Riduo A sample site in 2004

1.2.2　高寒草原地上生物量变化

高寒草原是在高山和青藏高原寒冷干旱的气候条件下,由耐寒的多年生旱生草本植物或小半灌木为主所组成的高寒草地类型[11]。西藏高原是我国高寒草原类草地的集中分布区,一般分布在海拔 4300~5200 m,面积为 3158.88×10^4 hm^2,占西藏草地面积的 38.94%,是西藏分布最广、面积最大的一个草地类,广泛分布于藏北羌塘高原内陆湖盆区、藏南山原湖盆、宽谷区和雅鲁藏布江中游河谷区。

典型高寒草原草地类型采样点当雄 B 的地上生物量季节变化特点主要表现在:春季一般在 14.8 g·m^{-2} 以下,冬季平均为 18.90 g·m^{-2},且均为干枯草地,夏季最高,平均为 42.48 g·m^{-2},秋季则为 27.39 g·m^{-2}。月均地上生物量变化特点是:3 月最低,只有 9.94 g·m^{-2},4 月开始随着气温的上升,草地植被开始返青,有鲜草出现,但所占的比重小于 11.25%,此后,随着气温的进一步上升,植被光合作用增强,草地生物量累积迅速,主要体现在鲜草占总生物量的比例逐渐增大(表 1.2),6—8 月鲜草比重在 87% 以上,其中 7 月比重最大,为 93.89%,8 月地上生物量达到年内最大值,为 51.10 g·m^{-2},10 月开始随着气温的下降和雨季的结束,草地群落植物叶片开始枯黄,光合作用减弱,植物体逐渐衰老,枯落量增加,营养物质不断流失并向地下根系转移,导致地上生物量下降趋势显著,从 7—9 月的 48 g·m^{-2} 以上下降至 10 月的 25.69 g·m^{-2},且干枯草比重上升至 80% 以上,11—12 月只有干枯部分,在 24 g·m^{-2} 以下(图 1.3)。年均地上生物量为 25.18 g·m^{-2},其中鲜质量和干枯质量分别占 54.33% 和 45.67%。在 4—10 月,植被生长期总地上生物量和鲜草生物量的年内变化均表现为单峰型。

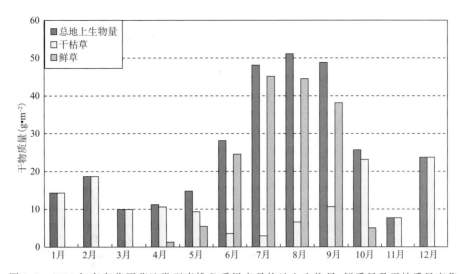

图 1.3 2004 年高寒草原草地类型当雄 B 采样点月均地上生物量、鲜质量及干枯质量变化

Fig. 1.3 Monthly mean AGB,FDM and DDM of alpine steppe in Dangxiong B sample site in 2004

同样为高寒草原类型的羊八井采样点的草地地上生物量季节变化特点是:春季生物量最低,为 19.30 g·m^{-2},其次为冬季(19.89 g·m^{-2})和秋季为(31.90 g·m^{-2}),夏季草地的产量最大,达 42.1 g·m^{-2},年平均生物量为 28.30 g·m^{-2},其中鲜质量和干枯质量分别为 13.01 和 15.29 g·m^{-2}。月均变化特点是:1—3 月地上生物量在 18 g·m^{-2}以下,其中 1 月为年内最低,仅为 5.4 g·m^{-2},4 月开始随气温的上升,植被开始返青,有绿色的鲜草出现,但其比重很小,仅为 11.39%,5 月上升至 40.45%,6—8 月夏季 3 个月这一比重在 90%以上(表 1.2)。其中,8 月达到 48.90 g·m^{-2}的月均最大值,其鲜草也最大,为 44.17 g·m^{-2},9 月开始进入秋季,随着气温的下降和雨季的结束,草地的光合作用减弱,草地开始枯黄,导致地上生物量呈下降态势,特别是鲜草部分的比重减少趋势尤为明显,10 月至翌年 2 月仅为残留的干枯草地部分。草地生长期的 4—9 月,地上生物量和草地鲜草部分的变化都表现为单峰型(图 1.4)。

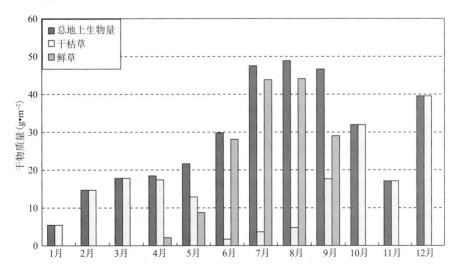

图 1.4 2004 年高寒草原草地类型羊八井采样点月均地上生物量、鲜质量及干枯质量变化

Fig. 1.4 Monthly mean AGB,FDM and DDM of alpine steppe in Yangbajing sample site in 2004

从以上两个高寒草原类型的年内变化特征来看,植被生长季节 4—10 月二者地上生物量和鲜质量变化趋势基本一致。主要体现在,从 4 月植被开始返青,出现绿色的植被,但其比重较小,一般在 11％左右,两个观测点都在 8 月达到生物量的最大值,且大小基本一致,在 48～52 g·m⁻²,相差很小;7—9 月 3 个月的生物量都保持相对较高的稳定状态,在 46～52 g·m⁻²,年均生物量也都在 25.18～28.30 g·m⁻²,相差不大。10 月开始生物量下降显著,特别是鲜草比例下降尤为突出,当雄 B 采样点在 20％以下,而羊八井采样点则没有鲜草,可能是由于该观测点海拔相对较高、地处风口且气温下降显著,植被提前枯黄。

1.2.3　温性草原地上生物量变化

温性草原类是在温暖半干旱气候条件下,由中温性旱生多年生草本植物或旱生小半灌木为优势种组成的草地,在西藏高原主要分布在雅鲁藏布江中游及其支流如拉萨河、年楚河中下游、藏南湖盆以及藏东三江河谷,面积为 178.60×10⁴ hm²,占全区草地面积的 2.2％,生长在海拔 4300 m 以下的河谷谷地、阶地、山麓洪积扇及山坡下部[11]。

与高寒草甸和草原相比,西藏中部典型温性草原草地的拉木乡采样点平均生物量较大,为 46.88 g·m⁻²,月平均地上生物量都大于 21 g·m⁻²,最大达 71.40 g·m⁻²,其中,春季的草地产量相对较低,为 32.83 g·m⁻²,其次为秋季 47.37 g·m⁻²,夏季和冬季相差不大,都在 53 g·m⁻²左右。月平均生物量变化特点是:5 月生物量最低,为 21.63 g·m⁻²,其次为 4 月,为 31.08 g·m⁻²,4 月开始随着草地返青和生物量的累积,草地产量逐渐上升,特别是 6 月之后生物量增加尤为显著,直至 8 月草地产量达到 71.40 g·m⁻²的年内月均最大值,之后进入了生物量下降阶段,但是至 10 月下降不显著,仍为 56.56 g·m⁻²,但其中已有 86.51％为干枯物质形式存在。从鲜草质量变化特点来看,4 月开始就有鲜草,但所占比重较小,为 15.77％,此后增加迅速,5 月为 30.42％,6—9 月都在 64％以上,其中 7 月鲜草比重达到年内最大值,为 91％(表 1.2),10 月下降至 13.49％,11 月至翌年 3 月只有干枯草地(图 1.5)。相对于前面的高寒草甸及高寒草原类草地,由于该采样点地处相对温暖的拉萨河谷地,草地生长期比前两者相对长一些,为 4—10 月。

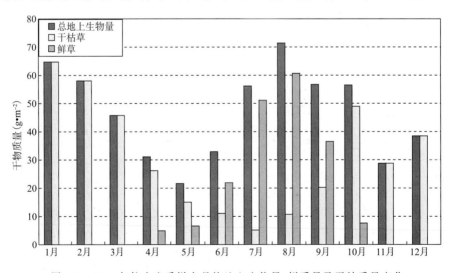

图 1.5　2004 年拉木乡采样点月均地上生物量、鲜质量及干枯质量变化

Fig. 1.5　Monthly mean AGB, FDM and DDM of temperate grassland in Lamu sample site in 2004

拉萨观测点也属于典型的西藏中部河谷温性草原草地,这里的平均产草量较高,达80.56 g·m^{-2}。其显著季节性特点是:四个季节的草地产量基本保持在相对较高的状态,都在71 g·m^{-2}以上,没有明显的季节性变化特点。相对而言,秋季的产量相对较大,达94.6 g·m^{-2},夏季和冬季基本在78 g·m^{-2}左右。该观测点位于拉萨市南面山地洪冲积扇上,对草地的利用强度较其他农牧区小,因而草地的产量相对保持在较高的水平,几乎为同类型草地拉木乡采样点的1倍左右。月均生物量变化特点也体现为不存在显著的月际波动,相对而言,11月和5—6月产量相对较低,在51~60 g·m^{-2},其他月份都在72 g·m^{-2}以上,10月出现了最大值,达129.64 g·m^{-2}。由于草地样品采样时的随机性和温性草原草地的局地异质性较其他天然草地显著,所以观测值无法非常准确地反映本草地类型的月均变化,但是观测值体现了该地段的草地产量较高、草地季节性和月际波动小的特点。月均鲜草变化特点主要表现在:5月初随着植被的返青,开始进入了草地生长阶段,但此时鲜草比重不到一半,为37.79%,6月开始由于气温的明显上升,植被光合作用加强,使得生物量累积迅速,这一比例至9月都在66%以上,其中7月的鲜草比重达到年内月均最大值,为90.00%,其次为8月,为80.44%,10月已下降到18.09%,2—4月和11—12月没有绿色鲜草,仅为干枯草地(图1.6、表1.2)。对该点的野外采样工作开始于2004年2月11日,所以没有1月的数据供分析。

虽然上述两个采样点同属温性草原草地类,且都处在拉萨河南岸山地山麓冲积扇和缓坡上,但是观测结果存在以下的差异:拉萨观测点的年平均生物量明显大于拉木乡观测点,两者相差1倍左右,而且拉萨观测点没有明显的季节性变化,且基本保持在71 g·m^{-2}以上。可见,城市化进程使得拉萨市周边山地草地资源的利用强度低,草地生物量的季节变化不明显,而远离拉萨市的拉木乡附近对草地资源的利用强度比城市周边高,放牧食草导致了该地区草地产量较低,且出现了明显的季节变化。在植被长期内草地地上生物量和鲜草生物量变化都表现为单峰型。

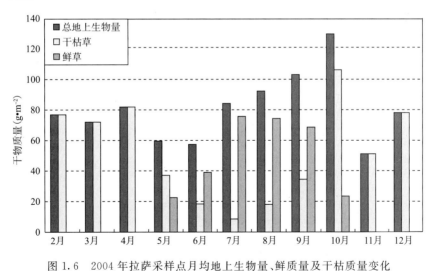

图1.6　2004年拉萨采样点月均地上生物量、鲜质量及干枯质量变化

Fig. 1.6　Monthly mean AGB, FDM and DDM of temperate grassland in Lhasa sample site in 2004

1.2.4 高寒沼泽化草甸地上生物量变化

高寒沼泽化草甸是在地表浅层积水或土壤湿度常年处于饱和或超饱和状态下生长的草地植被。该类植被类型在西藏高原分布面积较小,其分布主要与地形条件和水分状况及低温作用有关[11]。地表多水是其形成的首要条件,水分补给源主要有冰雪融水、潜水、泉水及河水等。平缓的地势则利于储水。所以,沼泽草地常占据水分补给充足的湖滨、山前洪积扇缘、潜水溢出带、河沟洼地、河流低阶地及冰渍洼地等地段。

当雄 A 采样点位于当雄县城北侧,属于低地高寒沼泽化草甸,有围栏网保护,用于春季放牧。该观测点的平均生物量达 384.45 g·m^{-2},是所有观测点中草地产量最高的。从季节变化来看,春季因放牧生物量最低,为 191.36 g·m^{-2},冬季次之,为 375.81 g·m^{-2},夏季达 406.28 g·m^{-2},草地产量最大值出现在秋季,达 564.38 g·m^{-2}。从图 1.7 可以看出,月均生物量变化特点表现为:从 1 月开始逐渐降低,4 月达到年内最低,为 182.14 g·m^{-2},5 月比 4 月略高,为 182.77 g·m^{-2},6 月开始,随着气温的上升,光合作用显著加强,绿色植物生长强劲,草地的产量呈现为显著上升态势,直至 9 月草地产量达到年内最大值,为 711.52 g·m^{-2}。10 月开始逐渐减少,直至春季达到最低值。鲜重月均变化特点为,4 月开始出现绿色鲜草,但是其比重仅为 1.38%,5 月上升至 30%,6 月为 66.97%,7—9 月在 86% 以上,其中 8 月这一比重最大,达 95.43%。10 月鲜草部分出现了锐减现象,仅为 6.55%,而 1—3 月和 12 月没有鲜草部分,仅为残存的干枯草地(表 1.2)。

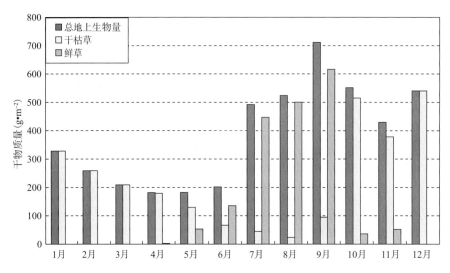

图 1.7 2004 年当雄 A 采样点月均地上生物量、鲜质量及干枯质量变化

Fig. 1.7 Monthly mean AGB,FDM and DDM of swamp meadow in Dangxiong A sample site in 2004

日多 B 采样点位于墨竹工卡县境内谷地,属于低地高寒沼泽化草甸,没有围栏网保护。由于其丰富的地下水资源,草地生物量较大,达 222.35 g·m^{-2}。草地地上生物量季节变化主要表现在:春季最低,为 188.67 g·m^{-2},其次为冬季(213.24 g·m^{-2}),最大值出现在夏季,达 256.71 g·m^{-2},秋季一般在 230.76 g·m^{-2}。月均变化的显著特点是月际波动较小(图 1.8)。相对而言,4 月的地上生物量较低,为 167.79 g·m^{-2},其次为 3 月(168.63 g·m^{-2}),其月份都在 174.58 g·m^{-2} 以上,其中 6—9 月均在 244 g·m^{-2},9 月达到了月均最大产量,为 297.12 g·m^{-2}。

鲜草月均变化特点为：4月返青后，植被生长季节开始，出现了绿色的鲜草，但其比重仅为4.30%，之后温度的上升使得光合作用加强，生物量累积迅速，鲜草增加显著，5月该比重达到37.04%，6—9月这一比重在73%以上，其中7月达到近90%的月均最大比重（表1.2）。10月开始，随着气温的下降和雨季的结束，植物体衰老，植物叶片枯黄，枯落量明显增加，导致鲜草部分比重下降极为迅速，只有16.69%。1—3月及11—12月只有干枯部分。

由于地处低洼，排水不畅，常年积水，土壤湿度常年处于饱和或超饱和状态，使得低地高寒沼泽化草甸地上生物量都很高，其中有围栏网的当雄观测点年均地上生物量达 384.45 g·m^{-2}，为温性草原草地的6倍，高寒草甸和高寒草原草地的12~14倍；无围网的日多B采样点年均地上生物量为 222.35 g·m^{-2}，比有围网的明显低，仅为其58%左右，但是与其他类型草地相比高出许多，是温性草原的3.5倍，高寒草甸和高寒草原生物量的6~8倍。可见，在相近气候和环境条件下，局地土壤水分含量的大小直接决定了草地地上生物量的大小。与自由放牧相比，围栏禁牧措施可以明显提高草原地上生物量，是改良退化草地最普遍和有效的措施之一。

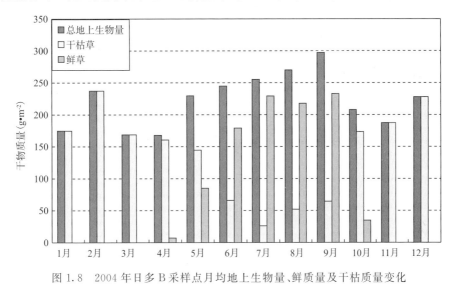

图 1.8　2004年日多B采样点月均地上生物量、鲜质量及干枯质量变化

Fig. 1.8　Monthly mean AGB, FDM and DDM of swamp meadow in Riduo B sample site in 2004

1.2.5　地上生物量的增长规律

本章中所述的地上生物量不仅包括年内生长的绿色鲜草部分，还包括立枯物和凋落物等干枯部分，为两者的合计值，其中绿色鲜草部分是年内植被生长期通过植物光合作用所产生的生物量积累部分，呈典型的单峰型。因此，下面分析中仅考虑了绿色鲜草干质量的绝对增长率（AGR）和相对增长率（RGR）。

不同草地类型地上生物量的鲜草 AGR 和 RGR 季节动态均在生物量达到高峰期前是正增长，之后为负增长（表1.3），且同一观测点的 AGR 和 RGR 在季节动态变化趋势上大致相同，但是不同草地类型或同一类型不同区域的草地最快生长期出现的时间存在差异。

对典型的高寒草甸草原类型来讲，当雄D采样点在4—8月为地上草地生物量累积阶段，累积率在 0.184~0.608 g·m^{-2}·d^{-1}，其中，5—6月和6—7月生物量累积率基本一致，在年内达到最大，大约在 0.6 g·m^{-2}·d^{-1}，8月之后 AGR 和 RGR 都呈现为负值；虽同属一类植被类型,由于东西两地水热条件的差异,日多 A 草地鲜草生物量绝对增长速率的最大值出现在 6—7 月,日增加率是 $1.381\ \mathrm{g\cdot m^{-2}\cdot d^{-1}}$,日增长率也较当雄 D 要大 1 倍多,其次是 5—6月,为 $0.516\ \mathrm{g\cdot m^{-2}\cdot d^{-1}}$,但增长率出现负值的时间要比当雄 D 早,这表明,东部草地提前进入成熟和枯黄阶段。

高寒草原草地类型当雄 B 采样点的绝对日增长率在 $0.140\sim0.686\ \mathrm{g\cdot m^{-2}\cdot d^{-1}}$,其中6—7 月的日增长率最大,达 $0.686\ \mathrm{g\cdot m^{-2}\cdot d^{-1}}$,相对增长率最大也出现在这一时段,7 月鲜草产量达到峰值后植被净累积率出现了减少趋势;而羊八井采样点鲜草生物量的绝对增长速率及相对增长率,在 5—6 月均出现了最大值,分别为 $0.646\ \mathrm{g\cdot m^{-2}\cdot d^{-1}}$ 和 $0.099\ \mathrm{g\cdot m^{-2}\cdot d^{-1}}$,最低出现在 7—8 月,8 月达到最小值后,生物量累积率开始出现减少趋势。位于拉萨河谷地冲积扇上的温性草原的最大累积速率在 6—7 月,其中拉木乡观测的日累积率为 $0.973\ \mathrm{g\cdot m^{-2}\cdot d^{-1}}$,而拉萨采样点的累积率大于同类型的拉木采样点,为 $1.222\ \mathrm{g\cdot m^{-2}\cdot d^{-1}}$。

低地高寒沼泽化草甸的绝对增长率、相对增长率以及日累积率都较其他类型要大,其中当雄 A 采样点在植被生长阶段日累积率最大出现在 6—7 月,高达 $10.395\ \mathrm{g\cdot m^{-2}\cdot d^{-1}}$,其他月份差异不是很大,一般在 $1.6\sim2.7\ \mathrm{g\cdot m^{-2}\cdot d^{-1}}$,9 月达到鲜草干重最大值,之后的 9—10月出现了 $19.345\ \mathrm{g\cdot m^{-2}\cdot d^{-1}}$ 的减少速率;日多 B 采样点的绝对增长率峰值要比当雄 A 采样点提前 1 个月,出现在 5—6 月,且大小远小于当雄 A 采样点,为 $3.131\ \mathrm{g\cdot m^{-2}\cdot d^{-1}}$,9 月达到鲜草质量的峰值后,随着气温的下降和植物的衰老、枯黄,10 月绝对增长速率 AGR 出现负值,且其值为 $-6.603\ \mathrm{g\cdot m^{-2}\cdot d^{-1}}$。

表 1.3 2004 年草地生长季绿色鲜草干质量增长速率动态变化($\mathrm{g\cdot m^{-2}\cdot d^{-1}}$)

Table 1.3 AGR and RGR of FDM in 8 sample sites during the growing season in 2004

采样点	指标	4—5 月	5—6 月	6—7 月	7—8 月	8—9 月	9—10 月
当雄 D	AGR	0.195	0.608	0.604	0.184	−0.408	−0.973
	RGR	0.059	0.097	0.097	0.057	−0.084	−0.112
日多 A	AGR	0.077	0.516	1.381	−0.191	−0.924	−0.922
	RGR	0.028	0.091	0.124	−0.058	−0.111	−0.111
当雄 B	AGR	0.140	0.637	0.686	−0.021	−0.212	−1.104
	RGR	0.048	0.098	0.101	0.015	−0.062	−0.117
羊八井	AGR	0.222	0.646	0.525	0.009	−0.504	−0.968
	RGR	0.063	0.099	0.092	−0.042	−0.091	−0.112
拉木	AGR	0.056	0.511	0.973	0.32	−0.805	−0.964
	RGR	0.017	0.091	0.112	0.075	−0.106	−0.112
拉萨	AGR	0.751	0.548	1.222	−0.044	−0.190	−1.505
	RGR	0.104	0.093	0.120	−0.010	−0.058	−0.127
当雄 A	AGR	1.689	2.739	10.395	1.773	3.868	−19.345
	RGR	0.131	0.147	0.191	0.132	0.158	−0.212
日多 B	AGR	2.595	3.131	1.675	−0.379	0.498	−6.603
	RGR	0.145	0.151	0.131	/	0.090	−0.176

1.2.6 草地地上生物量与气候要素的关系

影响草地植被生长的气候因子是多方面的,其中水热条件是影响植被生长和生物量累积的主要因素。为了分析研究区不同草地类型地上生物量与水热条件之间的关系,建立了分别以总地上生物量和鲜草生物量作为因变量,降水与气温作为自变量的线性回归模型(表1.4)。可以看出,总体上草地地上生物量与降水之间的相关显著,其中除草地空间异质性强的温性草原草地拉木乡、拉萨及有人工围网的低地沼泽化草甸当雄A采样点之外,都与降水的关系显著($P<0.01$),而与气温的关系都未达到显著性相关程度($P<0.05$)。从所有草地类型来说,草地植被生长季节植物光合作用所产生的生物量积累部分即鲜草生物量与降水之间的线性相关程度比总地上生物量则更为密切($P<0.001$);此时,温度与鲜草生物量之间的线性关系要明显高于与总地上生物量之间的相关程度($P<0.01$)。可见,作为温带半干旱季风气候区,降水是影响研究区草地地上生物量主要的气候因素,而与气温的关系较弱;绿色鲜草生物量作为植被生长期通过植物光合作用所产生的生物量积累部分共同受到降水和气温的影响,其中降水是最主要的限制因子。其他研究表明,气候是草地地上生物量的重要影响因素,我国和北美、南美等温带草地地上生物量的变化主要受降水控制,在我国北方降水是温带草地生态系统生产力(地上生物量)主要的限制因子[17]。

表1.4 草地地上生物量与气候要素之间的线性相关系数

Table 1.4 The correlation between AGB and climate variables

采样点	地上生物量		鲜草质量	
	降水	气温	降水	气温
当雄D	0.85**	0.64	0.97**	0.82*
日多A	0.80*	0.43	0.97**	0.72*
当雄B	0.88**	0.68	0.97**	0.82*
羊八井	0.75*	0.66	0.97**	0.84**
拉木乡	0.37	0.00	0.97**	0.77*
拉萨	0.14	0.15	0.94**	0.82*
当雄A	0.34	0.15	0.85**	0.71*
日多B	0.72*	0.59	0.94**	0.86**

注: * $P<0.01$; ** $P<0.001$。

1.3 结论

低地高寒沼泽化草甸地上生物量最高,其中有围网的年均生物量达384.45 g·m⁻²,为温性草原类草地生物量的6倍,高寒草甸和草原类草地的11～14倍,无围网的地段年均地上生物量为222.35 g·m⁻²,比有围网的明显低,仅为其58%。与自由放牧相比,围栏禁牧措施可以明显提高草原地上生物量,是改良退化草地最普遍和有效的措施之一。

温性草原是在半干旱气候条件下西藏高原中部雅鲁藏布江及其支流拉萨河和年楚河河谷生长的典型草地类型,其草地生产力大于高寒草原和高寒草甸。由拉萨河谷地两个典型温性草原采样点的草地地上生物量大小对比表明,城市周边山地草地地上生物量显著大于远离城市的地区,城市化进程使得城市周边山地草地的放牧强度低,除了温带半干旱气候区草地所固有的植被生长季节变化之外,草地的总地上生物量不存在明显的季节变化,而在远离城市的地区,放牧等人类活动对草地资源的利用强度高,特别是冬春放牧啃食使得该地区草地总产量较低,且出现了明显的季节变化。

无论是高寒草甸、高寒草原、高寒沼泽化草甸还是温性草原,草地地上生物量的绝对增长速率 AGR 和相对增长速率 RGR 的季节动态均为在生物量达到高峰期前是正增长,之后为负增长,并且同一观测点的 AGR 和 RGR 在季节动态变化趋势上大致相同,但是不同草地类型或同一类型不同区域的草地最快生长期出现的时间存在先后,主要取决于区域水热条件差异及其季节性的变化特征。

降水是影响研究区草地地上生物量的主要气候因素,在草地植被生长期光合作用而产生的鲜草生物量累积共同受到降水和气温的影响,其中降水是最主要的限制因子。

参考文献

[1] Ni J. Carbon storage in grasslands of China[J]. *Journal of Arid Environments*,2002,**50**:205-218.

[2] Scurlock J M O,Johnson K,Olson R J. Estimating net primary productivity from grassland biomass dynamics measurements[J]. *Global Change Biology*,2002,**8**(8):736-753.

[3] 高添,徐斌,杨秀春,等.青藏高原草地生态系统生物量碳库研究进展[J].地理科学进展,2012,**31**(12):1724-1731.

[4] 李凯辉,王万林,胡玉昆,等.不同海拔梯度高寒草地地下生物量与环境因子的关系[J].应用生态学报,2008,**19**(11):2364-2368.

[5] Soussana J F,Loiseau P,Vuichard N,*et al*. Carbon cycling and sequestration opportunities in temperate grasslands[J]. *Soil Use and Management*,2004,**20**(2):219-230.

[6] 赵同谦,欧阳志云,贾良清,等.中国草地生态系统服务功能间接价值评价[J].生态学报,2004,**24**(6):1101-1110.

[7] 朱宝文,周华坤,徐有绪,等.青海湖北岸草甸草原牧草生物量季节动态研究[J].草业科学,2008,**25**(12):62-65.

[8] 梁天刚,崔霞,冯琦胜,等.2001—2008 年甘南牧区草地地上生物量与载畜量遥感动态监测[J].草业学报,2009,**18**(6):12-22.

[9] 乔春连,李婧梅,王基恒,等.青藏高原高寒草甸生态系统 CO_2 通量研究进展[J].草业科学,2012,**29**(02):204-210.

[10] 杨兆平,欧阳华,宋明华,等.青藏高原多年冻土区高寒植被物种多样性和地上生物量[J].生态学杂志,2010,**29**(4):617-623.

[11] 西藏自治区土地管理局,西藏自治区畜牧局.西藏自治区草地资源[M].北京:科学出版社,1994.

[12] 除多.山地土地利用/土地覆盖变化研究[M].北京:气象出版社,2007:27-34.

[13] 西藏自治区土地管理局和畜牧局编制.1：200 万西藏自治区草地类型图[Z].1991.

[14] 西藏自治区畜牧局和西藏自治区土地管理局编制.1：20 万西藏自治区一江两河中部地区草地类型图[Z].1991.

[15] 姜恕.草地生态研究方法[M].北京:农业出版社,1988:67-83.

[16] 杨永兴,王世岩,何太蓉,等.三江平原典型湿地生态系统生物量及其季节动态研究[J].中国草地,2002,**24**(1):1-7.

[17] 马文红,杨元合,贺金生,等.内蒙古温带草地生物量及其与环境因子的关系[J].中国科学(C辑):生命科学,2008,**38**(1):84-92.

Seasonal Dynamics of Aboveground Biomass of Typical Grassland Types on the Tibetan Plateau

Abstract：Grassland is the one of important nature resources and aboveground biomass (AGB) of grassland plays a vital role in livestock rising in Tibet. Based on in-situ measurements for major grassland types(alpine meadow, alpine steppe, temperate steppe and alpine swamp meadow)in the central Tibetan Plateau carried out in 2004, the seasonal variations of AGB and growth characteristics are analyzed in the chapter. Results show that the highest AGB occurs in fenced swamp meadow with annual mean AGB of 384. 45 g • m^{-2}, which is 6 times of temperate steppe and $12 \sim 14$ times of alpine steppe and alpine meadow, and is also obviously higher than unfenced alpine swamp meadow with 73%. Compared with free choice grazing, enclosure obviously increases AGB and is one of the most effective approaches to improve degraded grassland. The production of temperate steppe is higher than alpine meadow and alpine steppe, and the grassland AGB near the urban areas is greater than areas away from urban region and the urbanization is an effective way to reduce the intensity of grassland use and to restore grassland productivity. As semiarid temperate climate zone, soil moisture is main factor to constrain grassland vegetation growth in Tibet. Absolute Growth Rate(AGR) and Relative Growth Rate(RGR)of four grassland types are positive before reaching to apex of the vegetation growth and are negative after apex. Due to differences in hydrothermal conditions and their seasonal variations results in different fastest growing periods of AGB for four grassland types.

Keywords：grassland；aboveground biomass；seasonal dynamics；Tibetan Plateau

第 2 章　草地地上生物量遥感估算方法

【摘　要】　为了充分利用现有 MODIS 卫星遥感数据和 NASA 等提供的相关陆地数据产品,实现对西藏高原草地生物量定量化业务监测和草地退化研究,本章利用西藏高原中部 2004 年 5—9 月草地植被生长期的实测地上生物量,结合同期的 MODIS 16 d 合成产品 MOD13Q1 NDVI 和 EVI 数据建立了草地生长期地上生物量遥感监测模型和方法;同时,从植被非生长季等不同时段遥感监测业务需求出发,研究了以 2 个月为时间尺度的草地地上生物量定量化监测和估算模型。得出的主要结论如下:(1)基于 MODIS NDVI 的指数函数模型是监测和估算西藏高原中部草地生长期地上生物量大小的最优模型,在所有模型中有最高的相关系数(0.778)和 F 检验值(127.557);(2)由于绿色植被所独有的光谱响应特征,无论是 MODIS NDVI 还是 EVI,对植被生长期鲜草生物量估算的精度要好于总地上生物量;(3)以 2 个月为时间尺度的监测结果来看,除 1—2 月草地总地上生物量和 5—6 月的鲜草生物量与 MODIS NDVI 之间分别表现为乘幂函数和线性关系外,其他都呈基于 NDVI 的指数函数关系,且相关系数都大于 0.64,其中植被生长时期的相关系数要大于非生长季节;对于草地总地上生物量,最高的相关程度出现在 8—9 月,为 0.749,最低出现在非生长季节(1—2 月),为 0.644;对鲜草生物量的估算,基于 NDVI 的相关系数都大于 0.73,最高的 8—9 月达 0.826。

【关键词】　草地地上生物量　估算方法　西藏中部

　　草地生态系统是陆地生态系统中分布面积最广的生态系统类型之一,不仅是草地畜牧业发展最重要的物质基础,而且对全球生态环境、碳循环和气候调节起重要的作用。我国草地面积约占陆地总面积的 1/3[1],主要分布在东北、内蒙古、黄土高原、青藏高原及新疆等地,为我国分布面积最广的生态系统类型之一,其中高寒草地则主要分布在青藏高原[2]。

　　西藏高原是青藏高原的主体,其面积约占青藏高原的一半。草地生态系统是西藏高原分布面积最广的自然生态系统类型,占西藏总土地面积的 71.15%[3],是西藏畜牧业赖以生存和发展的物质基础,也是高原生态安全屏障的重要组成部分。近年来,全球气候变化、过度放牧、人类活动加剧,使得西藏高原的草地退化严重[4,5],导致草地生物量减少和积累过程的变化,直接降低了草地生态系统的物质生产能力,加重了草畜失衡的矛盾[6]。草地生物量估算是草地资源空间格局动态研究的重要内容,也是草畜平衡综合分析的基础。建立草地植被生物量估算方法,及时准确地获得区域草地产量数据,对草地退化机理研究与治理、指导草地畜牧业生产、维护草地生态系统的持续稳定发展以及研究陆地生态系统的碳循环都具有重要的意义。

尽管传统的野外调查获得实测的生物量数据比较可靠,单点精度很高,但很难在整个研究区内进行大范围比较均匀地实地调查取样。由于草地生物量分布的空间异质性较大,因此如果简单地利用有限的实地调查所获得的平均生物量数据来推算整个区域的生物量则可能产生较大误差[2]。卫星遥感技术的飞速发展和各种不同时间、空间、波谱分辨率遥感数据的日益增多,以及其更为宏观、动态性更强和监测范围更大的特点,卫星遥感估算方法在区域到大尺度草地生物量监测中得到了广泛应用[7]。卫星遥感数据的应用在很大程度上可以弥补地面调查取样的不足,而且解决草地生物量估算中从点到区域的尺度转换问题[8]。然而,卫星遥感毕竟是通过植被指数等指标作为中间变量来间接地监测植被的,其精度有限,所以根据具体情况和区域特点需要用常规地面调查来验证和完善遥感统计模型,从而提高区域生物量等植被参数的监测精度。

目前,西藏高原草地退化研究和业务化监测大多以从不同时空尺度遥感信息获取的植被指数为主要信息源直接推算草地退化程度,监测草地长势和生物量变化为主,缺少这些草地生物物理参数的定量化遥感监测模型。为此,本章以每月2次较连续的地面草地生物量观测结合同期的 MODIS MOD13Q1 植被指数产品建立了适合西藏高原中部5—9月植被生长季节和不同月份草地地上生物量定量化遥感监测模型和方法,旨在使这些 MODIS 遥感监测模型能够在草地植被生长和非生长季节植被监测和生物量估算中发挥作用,用于常规的遥感监测业务中,最终为草地退化、草地生产力的季节性变化、草地资源有效管理和利用等提供服务。

2.1　材料与方法

2.1.1　研究区及采样点概况

草地地上生物量野外采样点设置在西藏高原中部当雄县、墨竹工卡县和拉萨市周边。该地区属于高原温带半干旱季风气候区,年平均温度在 1.5～7.8℃,分布特点是由南部雅鲁藏布江河谷及其支流拉萨河谷向北部逐渐降低;年平均降水量在 340～594 mm,从东向西呈逐渐减少趋势。

表 2.1 给出了研究区 11 个草地生物量采样点的草地类型、植被类型、经纬度、高程等信息,其中的草地类型和植被类型数据源自 20 世纪 80 年代完成的西藏自治区第一次草地资源普查成果。当雄 A 和当雄 F 采样点属于低地高寒沼泽化草甸,有围栏网保护,用于春季放牧,其中当雄 A 采样点位于当雄县城北侧 500 m 处,当雄 F 采样点位于当雄谷地宽阔地段。日多 B 采样点位于研究区东部墨竹工卡县境内河谷,为低地高寒沼泽化草甸,但没有围栏网保护。采样点当雄 D 和日多 A 属于高山嵩草为建群种的典型天然高寒草甸草原类型,其中当雄 D 位于当雄谷地远离公路和人类活动影响小的山坡上,而日多 A 位于其东部 170 km 处的墨竹工卡县日多乡东面宽阔平坦地段。当雄 C 采样点则位于当雄谷地青藏公路西侧,附近有青藏铁路穿过,为高寒草甸类型,但是相对于日多 A 和当雄 D 采样点的两个同类型草地相比,这里的人类活动较大,所以代表性较日多 A 和当雄 D 差。林周采样点位于拉萨市林周县牦牛选育场附近,也属于典型的天然高寒草甸草原。西藏自治区畜牧科学研究所于 2004 年 8 月 14 日、28 日和 9 月 15 日、29 日对该点草地做了每月 2 次的草地生物量和植被覆盖度等观测,本章也利用了这些观测数据。当雄 B 和羊八井采样点是紫花针茅为建群种的典型天然高寒草

原草地,伴有小莎草,都位于当雄谷地,两者相距近 80 km。拉木乡和拉萨采样点位于拉萨河谷南面相对平缓的山麓冲积扇上,属藏白蒿为建群种的西藏高原中部典型温性草原类型。

表 2.1 草地生物量采样点草地类型等信息

Table 2.1 The grassland type of 11 sampling points and data sources

观测点	经度 (°E)	纬度 (°N)	海拔高程 (m)	草地类型	植被类型	草地类型数据源
日多 A	92.2927	29.6908	4418	高寒草甸	高山嵩草	西藏一江两河草地类型图[9]
日多 B	92.0968	29.7099	4150	低地高寒沼泽化 灌丛草甸	小叶金露梅(杜鹃)、 高山嵩草	西藏一江两河草地类型图[9]
拉姆乡	91.5444	29.8043	3720	温性干草原	藏白蒿、藏黄芪、 紫花针茅	西藏一江两河草地类型图[9]
拉萨	91.1452	29.6251	3693	温性干草原	藏白蒿、白草	西藏一江两河草地类型图[9]
当雄 A	91.1257	30.4975	4233	低地高寒沼泽化草甸	藏北嵩草	西藏自治区草地类型图[10]
当雄 B	91.0959	30.4948	4249	高寒草原	紫花针茅、小莎草	西藏自治区草地类型图[10]
当雄 C	90.9724	30.4127	4216	高寒草甸	高山嵩草、圆穗蓼	西藏自治区草地类型图[10]
当雄 D	90.6275	30.2000	4590	高寒草甸	高山嵩草	西藏自治区草地类型图[10]
当雄 F	90.8933	30.3574	4236	低地高寒沼泽化草甸	高山嵩草	西藏自治区草地类型图[10]
林周	91.2363	30.0919	4546	高寒草甸	高山嵩草	西藏一江两河草地类型图[9]
羊八井	90.4720	30.0761	4300	高寒草原	紫花针茅、小莎草	西藏自治区草地类型图[10]

2.1.2 研究方法

2.1.2.1 地上生物量的测定

为了与 250 m 空间分辨率的 MOD13Q1 产品匹配,11 个采样点设置在地势相对平缓、草地植被空间分布比较均一具有代表性的区域。除了当雄 F 点的地面观测是 2004 年 9 月下旬开始的,林周县采样点的草地生物量观测是由西藏自治区畜牧科学研究所完成的,只有 8—9 月 4 次观测数据,对其他 9 个点于 2004 年 1—12 月开展了每月 15 日和 30 日前后 3 d 内 2 次的草地地上生物量(AGB)采样工作。采样方法采用收割样方称重法,每次采样有 50 cm×50 cm 的 3 个小样方,同时记录了观测点的 GPS 数据、高程、土地利用类型等。AGB 观测步骤与第 1 章中 AGB 的处理方法相同。

2.1.2.2 遥感数据及处理方法

由于 Terra MODIS 传感器具有高时间分辨率、高光谱分辨率、适中的空间分辨率等特点,在区域到全球植被监测中得到了广泛的应用。MODIS 波幅较窄,避免了几个大气吸收带,在计算植被指数时有更严格的去云算法和比较彻底的大气校正[11]。因而,MODIS 植被指数可以更好地反映植被的时空变化特征,已成为开展大尺度草地植被遥感动态监测和研究的主要遥感资料。

西藏高原大气环境科学研究所从 1988 年开始接收数字化 NOAA AVHRR 卫星图像,于 2002 年建立了青藏高原上第一个 EOS/MODIS 接收站,开始接收 EOS/MODIS 卫星图像,用于植被监测业务与相关应用研究。本章考虑到 2004 年每月两次的地面观测数据无法保证或无法接收到适合植被监测的对应晴空 MODIS 图像,特别是草地植被生长最好的夏季在高原上更是以多云天气为主,几乎没有晴空的图像,同时鉴于本地接收的 MODIS 图像在几何定标和大气校正等多方因素,本章中直接采用了从美国地质调查局(USGS)地球资源观测和科学中心(EROS)NASA MODIS 陆地产品分发中心(https://lpdaac.usgs.gov)下载的 2004 年 MOD13Q1 产品。MOD13Q1 产品属于 MODIS 陆地专题数据,是由 NASA MODIS 陆地产品组按照统一算法开发的 MODIS 植被指数产品,已经过去云、辐射校正、大气校正等处理。全球的 MOD13Q1 数据是一个采用正弦曲线投影方式的 3 级网格数据产品,空间分辨率为 250 m×250 m,每隔 16 d 提供一次植被指数数据,正好与本章每月 2 次的地面草地生物量观测时间对应。

MOD13Q1 图像处理过程是:首先利用 MRT(MODIS Reprojection Tools)软件将下载的 MOD13Q1 数据从 HDF 格式转化为 TIFF 格式,其 SIN 投影系统转为 Geographic 投影系统,同时对多幅图像进行拼接,之后在 ENVI 图像处理软件中根据 11 个地面采样点的 GPS 数据读取对应的 NDVI 和 EVI 数值,最后将存储为整型的植被指数数值转换成为 −1~1 的值。

2.2　结果与分析

2.2.1　植被生长季节草地地上生物量监测模型

西藏高原中部的草地生长季节一般在 5—9 月。5 月份随着气温的升高,植被开始返青,出现绿色的鲜草,6—7 月由于气温的进一步升高和雨季的开始,草地植被进入生长最快的阶段,7 月至 8 月初植被生物量中绿色鲜草比重达到年内最大值。8 月底至 9 月初随着气温的逐渐降低和降水量的减少,植被进入成熟阶段,生长速度开始减慢,一般在 9 月底草地植被开始停止生长。为了利用 MODIS 遥感数据实现西藏高原中部 5—9 月草地植被生长季节的总地上生物量和鲜草生物量的监测和估算,分别以地面实测的草地地上生物量和鲜草重量为因变量,MODIS 植被指数 NDVI 和 EVI 为自变量,利用植被遥感生物量监测中较为常用的一元线性和指数函数等 7 个非线性回归模型,建立了西藏高原中部的草地地上生物量和鲜草生物量的遥感估算模型,并对这些模型的生物量估算效果进行了评价,筛选出了最优模型,结果见表 2.2。

从回归建模的结果来看,所有模型均通过了 $P<0.01$ 的显著性检验。根据相关系数和 F 检验值较大的回归建模原则,对研究区草地生长期地上生物量估算来讲,指数函数模型的估算效果最好,其相关系数 $R=0.778$,$F=127.557$,为所有模型中最高,其次是幂函数模型及二次和三次多项模型,相关系数在 $0.72\sim0.76$。其他模型的 R 值在 $0.48\sim0.70$,其中,反函数模型的 R 值和 F 值最小,回归模拟效果相对最差。可见,比较而言,指数函数模型对西藏高原中部 5—9 月草地植被生长期的生物量估算更为适合(图 2.1)。从表 2.2 中同样可以看出,与 NDVI 相比,MODIS EVI 对研究区草地地上生物量的估算效果明显不如 NDVI,相比之下,在所有模型中,幂函数模型 $R(0.636)$ 和 $F(56.408)$ 值最大,其次是 S 曲线模型和指数函数模型,其他模型的相关系数都小于 0.57,其中,反函数模型 R 和 F 检验值最小,估算效果相对最差,与前述的 NDVI 估算模型结果类似。

表 2.2　2004 年 5—9 月植被生长季节 AGB 遥感估算模型

Table 2.2　AGB estimate models in the central Tibet from May to September in 2004

模型	植被指数	模型方程	R	R^2	F
一元线性回归模型 $y=b_0+b_1x$	NDVI	$y=473.528x-89.407$	0.672	0.451	68.091[*]
	EVI	$y=638.040x-53.997$	0.549	0.301	35.752[*]
二次多项式回归模型 $y=b_0+b_1x+b_2x^2$	NDVI	$y=987.518x^2-384.557x+67.992$	0.728	0.530	46.199[*]
	EVI	$y=498.329x^2+353.928x-19.811$	0.552	0.305	17.969[*]
三次多项式回归模型 $y=b_0+b_1x+b_2x^2+b_3x^3$	NDVI	$y=101.881x^3+849.976x^2-329.842x+61.787$	0.728	0.530	30.427[*]
	EVI	$y=-5914.987x^3+6027.323x^2-1163.871x+100.569$	0.560	0.314	12.336[*]
对数模型 $y=b_0+b_1\ln(x)$	NDVI	$y=251.634+150.530\ln(x)$	0.585	0.342	43.165[*]
	EVI	$y=316.311+143.523\ln(x)$	0.514	0.264	29.794[*]
S 曲线模型 $y=e^{(b_0+b_1/x)}$	NDVI	$y=e^{(5.357-0.398/x)}$	0.696	0.484	77.937[*]
	EVI	$y=e^{(5.438-.263/x)}$	0.630	0.397	54.718[*]
指数函数模型 $y=b_0e^{b_1x}$	NDVI	$y=11.950e^{(4.160x)}$	0.778	0.606	127.557[*]
	EVI	$y=17.164e^{(5.387x)}$	0.611	0.374	49.569[*]
反函数模型 $y=b_0+b_1/x$	NDVI	$y=209.896-36.405/x$	0.482	0.232	25.087[*]
	EVI	$y=222.958-25.098/x$	0.457	0.208	21.852[*]
幂函数模型 $y=b_0(x)^{b_1}$	NDVI	$y=279.130x^{1.472}$	0.755	0.570	109.940[*]
	EVI	$y=480.927x^{1.346}$	0.636	0.405	56.408[*]

注：[*] 表示 $P<0.01,N=85$。

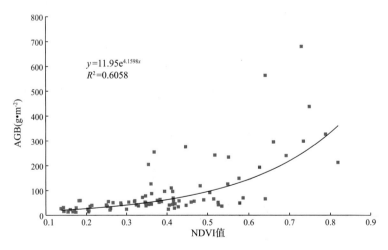

图 2.1　2004 年 5—9 月草地植被生长期 AGB 与 MODIS NDVI 之间的关系

Fig. 2.1　Relationship between AGB and MODIS NDVI during growing season from May to September in 2004

绿色鲜草的重量是在植被生长期内通过植物光合作用而产生的生物量积累部分,对其估算建模结果见表2.3。从表2.3可以看出,基于MODIS NDVI的所有绿色鲜重生物量估算模型均通过了$P<0.01$的显著性检验。相比而言,基于NDVI的指数函数模型的相关系数R和F值最大,分别为0.796和143.657,在所有模型中最高(图2.2),其次是幂函数($R=0.787$),二次多项式和三次多项式估算结果一致,$R=0.744$,其他模型的相关系数都小于0.744。在所有模型中反函数模型的回归结果最差,$R=0.471$,$F=23.667$,为8个模型中最小。从表2.3中还可以看出,与MODIS NDVI不同的是基于MODIS EVI的幂函数模型是估算研究区草地鲜重估算最好的模型,其相关系数和F检验值分别为0.710和84.387,其次是S模型($R=0.708$)、指数函数模型($R=0.672$)和三次多项方程($R=0.603$),其他4个剩余模型的R值均小于0.60,其中反函数模型的相关系数和F检验均为最小,表明其对研究区鲜重估算精度在8个模型中最低。从MODIS NDVI和EVI对草地鲜草生物量的估算结果可以看出,NDVI对植被生长时期的鲜草生物量估算结果的模拟精度更好,是适合本研究区草地生长期鲜草生物量估算的最适宜模型。对草地地上总生物量,基于NDVI的指数函数估算模型的相关系数和F检验值分别是0.778和127.557,而对草地鲜重,两者为0.796和143.657。可见,NDVI对植被生长期鲜草生物量的估算效果要好于对总地上生物量的估算效果,其原因是绿色植被由于光合作用而在可见光波段强吸收和在近红外波段强反射这一绿色植被所独有的光谱响应特征决定。

表2.3 2004年5—9月植被生长季节鲜重(fresh AGB)遥感估算模型

Table 2.3 Fresh AGB estimate models in the central Tibet from May to September in 2004

模型	植被指数	模型方程	R	R^2	F
一元线性回归模型 $y=b_0+b_1x$	NDVI	$y=431.717x-95.231$	0.676	0.457	69.763*
	EVI	$y=616.746x-71.167$	0.586	0.343	43.322*
二次多项式回归模型 $y=b_0+b_1x+b_2x^2$	NDVI	$y=991.366x^2-429.711x+62.781$	0.744	0.554	50.912*
	EVI	$y=622.979x^2+261.568x-28.430$	0.592	0.350	22.067*
三次多项式回归模型 $y=b_0+b_1x+b_2x^2+b_3x^3$	NDVI	$y=-167.223x^3+1217.123x^2-519.518x+72.965$	0.744	0.554	33.539*
	EVI	$y=-6711.865x^3+6896.850x^2-1460.712x+108.169$	0.603	0.364	15.444*
对数模型 $y=b_0+b_1\ln(x)$	NDVI	$y=213.857+135.464\ln(x)$	0.581	0.338	42.337*
	EVI	$y=284.265+137.095\ln(x)$	0.542	0.294	34.535*
S曲线模型 $y=e^{(b_0+b_1/x)}$	NDVI	$y=e^{(5.368-.541/x)}$	0.735	0.540	97.282*
	EVI	$y=e^{(5.595-.379/x)}$	0.708	0.502	83.60*
指数函数模型 $y=b_0e^{b_1x}$	NDVI	$y=4.634e^{(5.470x)}$	0.796	0.634	143.657*
	EVI	$y=6.584e^{(7.616x)}$	0.672	0.452	68.513*
反函数模型 $y=b_0+b_1/x$	NDVI	$y=174.650-32.237/x$	0.471	0.222	23.667*
	EVI	$y=193.172-23.595/x$	0.474	0.225	24.037*

续表

模型	植被指数	模型方程	R	R^2	F
幂函数模型 $y=b_0(x)^{b_1}$	NDVI	$y=303.496x^{1.973}$	0.787	0.619	135.115*
	EVI	$y=765.315x^{1.931}$	0.710	0.504	84.387*

注:* 表示 $P<0.01,N=85$。

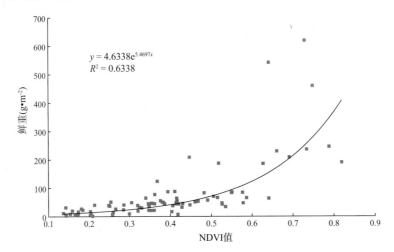

图 2.2　2004 年 5—9 月草地植被生长期鲜草生物量与 MODIS NDVI 之间的关系

Fig. 2.2　Relationship between fresh AGB and MODIS NDVI

during growing season from May to September in 2004

2.2.2　不同月份生物量与植被指数之间的关系

建立统计回归模型的首要条件是有足够的样本数量。本章考虑到如果用每月两次的观测数据和对应的 MODIS 植被指数数据建立每月的回归相关模型,由于样本太少,特别是草地的生长季节变化使得在冬季、秋末和初春没有绿色鲜草存在,样本数更少,无法建立相关模型或所建立的模型很难具有代表性和保证其精度。同时,鉴于相邻两个月的草地长势、地上生物量大小和空间分布相对于整个植被生长期或非生长期差异较小,又易于用遥感手段来以月为尺度实现对地上生物量的监测和估算。因此,从 2004 年 1 月开始,以 2 个月为时间尺度,建立了地面草地生物量实测值与对应 MODIS 遥感数据之间的相关模型,结果见表 2.4、表 2.5。

以 2 个月为时间尺度建立的草地地上生物量和 MODIS 植被指数之间的相关程度来看(表 2.4),用 MODIS NDVI 建立的相关系数都大于 0.64,其中植被生长时期的相关系数要大于非生长季节,最高的相关系数出现在 8—9 月,为 0.749,最低的出现在非生长季节 1—2 月,为 0.644。草地生长季节鲜草生物量估算效果要好于总地上生物量(表 2.4、表 2.5),对鲜草生物量部分估算,基于 NDVI 的相关系数都大于 0.73,最高的 8—9 月达 0.826。这些相关关系都通过了 $P<0.01$ 显著性检验,表明草地地上生物量与 MODIS NDVI 之间存在极为显著的正相关关系。1—2 月研究区草地地上生物量与 MODIS NDVI 之间的乘幂函数关系优于指数函数关系,其他所有月份都表现为基于 NDVI 的指数函数关系;对于研究区草地生长时期的鲜草生物量估算模型,5—6 月草地鲜草生物量与 NDVI 关系为一次线性关系,其他月份也

都呈指数函数关系。

利用 MODIS NDVI 来监测和估算西藏高原中部草地地上生物量是可行且非常有效的。无论是草地总地上生物量还是其鲜草部分生物量的监测和估算,在 MODIS 两个植被指数中,NDVI 的效果要明显好于 EVI,是适合研究区草地地上生物量的最优植被指数。

表 2.4　不同月份草地总地上生物量与 MODIS 植被指数之间的关系
Table 2.4　Relationships between AGB and MODIS vegetation index at bimonthly level

月份	NDVI				EVI			
	关系式	R^2	R	样本数	关系式	R^2	R	样本数
1—2 月	$y=23260x^{3.5777}$	0.4147	0.6440 *	27	$y=1539.9x-84.724$	0.2162	0.4650 **	27
3—4 月	$y=2.9647e^{13.721x}$	0.5541	0.7444 *	34	$y=5.0258e^{18.312x}$	0.2734	0.5229 *	34
5—6 月	$y=10.001e^{4.8528x}$	0.5341	0.7308 *	34	$y=14.733e^{5.5843x}$	0.3228	0.5682 *	34
7—8 月	$y=13.425e^{3.6691x}$	0.5592	0.7478 *	34	$y=28.215e^{3.5233x}$	0.1748	0.4181 **	34
8—9 月	$y=13.791e^{3.7428x}$	0.5610	0.7490 *	34	$y=22.796e^{4.626x}$	0.2491	0.4991 *	34
9—10 月	$y=16.006e^{4.0975x}$	0.4255	0.6523 *	33	$y=24.396e^{5.1911x}$	0.1694	0.4116 *	33
11—12 月	$y=3.888e^{11.211x}$	0.4917	0.7012 *	27	$y=1847.4x-128.32$	0.1214	0.3484	27

注:* 表示 $P<0.01$;** 表示 $P<0.05$。余同。

表 2.5　不同月份草地鲜重与 MODIS 植被指数之间的关系
Table 2.5　Relationships between fresh AGB and MODIS vegetation index at bimonthly level

月份	NDVI				EVI			
	关系式	R^2	R	样本数	关系式	R^2	R	样本数
5—6 月	$y=242.23x-33.296$	0.5293	0.7275 *	34	$y=342.28x-25.263$	0.4823	0.6945 *	34
7—8 月	$y=12.557e^{3.5765x}$	0.5668	0.7529 *	34	$y=25.062e^{3.5491x}$	0.1892	0.4350 **	34
8—9 月	$y=6.9472e^{4.617x}$	0.6823	0.8260 *	34	$y=9.8244e^{6.7142x}$	0.4194	0.6476 *	34
9—10 月	$y=2.4821e^{6.5876x}$	0.6452	0.8032 *	26	$y=2.7374e^{11.758x}$	0.5610	0.7490 *	26

注:* 表示 $P<0.01$;** 表示 $P<0.05$。

2.3　结论与讨论

本章利用西藏高原中部 2004 年每月 2 次的草地地上生物量观测资料和同期的 MODIS MOD13Q1 植被指数数据建立了 5—9 月草地植被生长期和每 2 个月为时间尺度的地上生物量定量化监测和估算模型。得出的主要结论如下。

(1)基于 MOD13Q1 NDVI 的指数函数、幂函数、二次和三次多项式模型可以较好地估算西藏高原中部草地生长期地上生物量的大小,其中指数函数回归模型相对而言估算效果最好;鲜草生物量作为植被生长期内通过植物光合作用而产生的生物量积累部分,其最优 MODIS 遥感估算模型同样是基于 NDVI 的指数函数模型,在所有模型中有最高的相关系数和 F 检验值。

(2)对西藏高原中部的草地生物量监测,MODIS NDVI 优于 EVI;由于绿色植被所特有的光谱响应特征,MODIS 植被指数对植被生长期鲜草生物量估算结果或模拟精度高于总地上生物量。

(3)除 1—2 月研究区草地上生物量和 5—6 月鲜草生物量与 MODIS NDVI 之间分别表

现为乘幂函数和线性关系之外,其他都为基于 NDVI 的指数函数关系。

(4)对面积广大、类型复杂的西藏高原草地生态系统来说,卫星遥感监测是定量获取区域尺度上草地生物量等植被参数唯一切实可行的手段。然而,卫星遥感是利用植被指数等中间参数来间接地实现对植被参数的监测和估算的,其精度有限,需要用更多更具代表性的地面实测数据来进一步弥补遥感监测的不足。

(5)本章的地面观测仅局限于西藏高原中部和藏北南部,采样时间间隔为 15 d 左右。由于各种条件的限制,对藏西北和藏南等广大的草地分布区域未能开展采样观测,所建立的 MODIS 遥感估算模型适用于西藏高原中部。如果这些模型应用到整个高原地区,其估算精度会受到影响。因此,今后需要在高原上开展更大区域、更为详尽的观测调查来进一步完善这些估算模型,进而推广应用到整个西藏高原的草地生物量监测和估算。

参考文献

[1] 中华人民共和国农业部畜牧兽医司.中国草地资源[M].北京:中国农业科学技术出版社,1996.

[2] 方精云,杨元合,马文红,等.中国草地生态系统碳库及其变化[J].中国科学(生命科学),2010,**40**(7):566-576.

[3] 西藏自治区土地管理局,西藏自治区畜牧局.西藏自治区草地资源[M].北京:科学出版社,1994.

[4] 刘淑珍,周麟,仇崇善,等.西藏自治区那曲地区草地退化沙化研究[M].拉萨:西藏人民出版社,1999.

[5] 高清竹,李玉娥,林而达,等.藏北地区草地退化的时空分布特征[J].地理学报,2005,**60**(6):965-973.

[6] 孙鸿烈,郑度,姚檀栋,张镱锂.青藏高原国家生态安全屏障保护与建设[J].地理学报,2012,**67**(1):3-12.

[7] 朴世龙,方精云,贺金生,等.中国草地植被生物量及其空间分布格局[J].植物生态学报,2004,**28**(4):491-498.

[8] Piao S L,Fang J Y,Zhou L M,*et al*.Changes in biomass carbon stocks in China's grasslands between 1982 and 1999[J].*Global Biogeochemical Cycles*,2007,21:doi:10.1029/2005 GB002634.

[9] 西藏自治区畜牧局和西藏自治区土地管理局编制.1:20 万西藏自治区一江两河中部地区草地类型图[Z].1991.

[10] 西藏自治区土地管理局和畜牧局编制.1:200 万西藏自治区草地类型图[Z].1991.

[11] 王正兴,刘闯,Huete A.植被指数研究进展:从 AVHRR-NDVI 到 MODIS-EVI[J].生态学报,2003,**23**(5):979-986.

[12] 张仁华.定量热红外遥感模型及地面实验基础[M].北京:科学出版社,2009.

The Study on Aboveground Biomass Estimate Methods of Grassland in the Central Tibet

Abstract:To take full advantage of MODIS remote sensing data obtained from the receiving station and existing NASA MODIS land products distributed from LP DAAC for grassland biomass monitoring and degradation study, the aboveground biomass(AGB)estimate methods of grassland in Tibet are developed at growing season from May to September and bimonthly level by integrating AGB data collected from 11 sites in the central Tibet from January to December in 2004 and concurrent vegetation index(VI)derived from MODIS MOD13Q1 products. The main results show that there are exponential relationships between AGB and NDVI during the vegetation growing season from May to September with 0. 778 of correlation coefficient and 127. 557 of F test value; at bimonthly level the exponential relationships between AGB and NDVI exist except the power relationship between AGB and NDVI from January to February and linear relationship between fresh AGB and NDVI from May to June; the correlation coefficients between NDVI and AGB are above 0. 64 with the highest value of 0. 749 for AGB estimates from August to September and the lowest value of 0. 644 from January to February; the correlation coefficients between NDVI and fresh AGB are above 0. 72 with the highest value of 0. 826 from August to September and the lowest value of 0. 7275 from May to June. The results by $P < 0.01$ test of significance indicate the highly significant positive correlation between aboveground biomass and MODIS NDVI. In contrast, MODIS NDVI is the optimum vegetation index for AGB and fresh AGB estimates in the central Tibet. The study suggests that satellite remote sensing is only practical means of monitoring grass biomass and other vegetation parameters at large scale in Tibet due to its vast area and complexity of grassland ecosystem. However, remote sensing based estimate methods of AGB should be further validated and improved using more ground based measurement data to compensate for its inadequacies. The AGB estimates developed in this study is suitable for the central Tibet and its accuracy will decrease if applied in the whole Tibetan Plateau, which means that more detailed observation and investigation should be carried out in the future to further improve these biomass estimation models in order to be suitable for monitoring grassland AGB and other vegetation parameters of the entire Tibetan Plateau.

Keywords:aboveground biomass of grassland; remote sensing; estimate method; central Tibet

第 3 章　典型草地地上生物量遥感估算方法

【摘　要】 草地生物量是草地畜牧业生产和发展的物质基础,也是评价生态脆弱性、敏感性及草地退化的重要指标。准确地估算草地地上生物量对合理规划区域畜牧业、评估草地植被的生态效益有重要意义。本章利用每月两次的野外调查资料和对应的 MODIS 植被指数,以 GIS 空间数据处理技术和多元统计分析方法等为手段,建立了高寒草原、高寒草甸和温性草原 3 个西藏高原典型草地类型的地上生物量遥感估算模型和方法。结果表明,MODIS 植被指数更适合于高寒草甸和高寒草原的地上生物量估算,对于高寒草甸,最佳估算模型是基于 NDVI 的三次多项式,其相关系数为 0.82;对高寒草原,则是基于 EVI 的三次多项式,相关系数达 0.83;由于温性草原存在很强的空间异质性,估算效果较其他两个草地类型差。MODIS 植被指数对草地生长期鲜草生物量的估算和模拟效果要优于总地上生物量,在生长期,高寒草甸和高寒草原的鲜草生物量与植被指数之间的相关系数都大于 0.8,最高达 0.92,对温性草原,两者的相关系数也均大于 0.67。其中,NDVI 是高寒草甸和温性草原鲜草生物量估算的最佳植被指数,对高寒草原则是 EVI。由于绿色植被所特有的光谱响应特征,基于植被指数的 MODIS 等卫星植被遥感监测及生物量等参数的提取更适合植被生长阶段,对于非生长季节其监测精度将降低;对同一草地类型,其地上生物量差异较小,使得相比其他模型,线性或多项式回归模型更适合于西藏高原草地地上生物量的估算。

【关键词】 草地地上生物量　典型草地　估算方法　西藏高原

草地生物量估算是草地资源空间格局动态研究的重要内容,也是草畜平衡综合分析的基础。因此,建立草地植被生物量估算方法,及时准确地获得区域草地产量数据,对草地退化机理研究与治理,指导草地畜牧业生产,维护草地生态系统的持续稳定发展,以及研究陆地生态系统的碳循环都具有重要的意义。

目前,草地生物量的估算方法主要有直接收获法、产量模拟模型和遥感模型等方法[1,2]。直接收获法是齐地面刈割所获得的产草量;产量模拟模型法则综合考虑影响草地生产力的气候、土壤和技术等条件因素,建立模拟模型进行产量测定,其优点在于估产精度较高,缺点是由于大尺度区域上的连续和详细的数据难以获取,因而在宏观尺度上的应用受到很大限制;遥感模型则是随着现代遥感技术的应用而发展起来的,通过不同时空分辨率的遥感数据与地面调查获得的草地生物量之间建立一定的数学模型,进而实现大面积草地生物量和生产力的估算。

尽管传统的直接收获法获得实测的生物量数据比较可靠,单点精度很高,但是,由于受到人力、物力等各种客观条件的限制,难以在整个研究区内进行大范围比较均匀的实地调查取样。加上草地生物量分布的空间异质性较大,如果简单地利用有限的实地调查所获得的平均生物量数据来推算整个区域的生物量则可能产生较大误差[3]。由于卫星遥感技术的飞速发展和各种不同时间、空间、波谱分辨率遥感数据的日益增多,以及其更为宏观、动态性更强和监测范围更大的特点,卫星遥感估算方法在区域到大尺度草地生物量监测中得到了更为广泛的应用,使其成为目前主要的生物量估算和监测手段。卫星遥感数据的应用在很大程度上可以弥补地面调查取样的不足,特别是结合地面实测数据和遥感信息所建立的遥感估算模型可以解决区域草地生物量估算中的尺度转换问题[4],从而提高区域生物量的估算精度。

在国内,根据不同区域特点,建立了各种草地生物量遥感估算模型。马文红等建立了我国北方草地地上生物量与 NOAA NDVI 之间的关系,两者的关系呈指数关系[5]。朴世龙等研究表明,中国草地植被地上生物量与当年最大 NOAA NDVI 值具有很好的相关关系,两者可以用幂函数很好地拟合[6]。徐斌等根据 MODIS NDVI 遥感数据和同期地面调查数据,针对我国不同类型草原区建立了 NDVI 和地面样方的产草量之间的关系模型,在此基础上用这些模型推算全国草原产草量分布[7]。金云翔等建立了内蒙古锡林郭勒盟草原地面样方的产草量与MODIS NDVI 遥感数据的关系模型,认为各模型方程均有较好的相关关系,其中幂函数的相关关系最优,精度为 78%[8]。

在青藏高原,中国科学院海北高寒草甸生态系统定位站自 1980 年起在高寒草原生物量的观测和研究方面开展了大量工作[9-12]。其他一些学者也从不同角度对青藏高原草地生物量的遥感估算方法进行了研究[3,13-19]。但这些研究工作大多集中在青藏高原的青海省和甘肃省部分地区,而针对西藏境内高寒草地生产力估算模型的研究报道较少。特别是以往的草地生物量遥感估算模型并没有考虑某一区域内的不同草地类型特点,而构建估算模型时包括了各种草地类型。由于不同草地类型在遥感图像上的光谱响应特征上存在差异,进而会影响估算模型的精度。

为此,本章的目的是通过较连续的地面实测草地地上生物量数据,结合同期 MODIS 遥感信息,建立高寒草原、高寒草甸和温性草原三个西藏高原典型草地类型的地上生物量估算模型和方法,揭示不同草地类型遥感监测方法上的差异,旨在为草地退化、草地资源有效管理和利用以及合理确定草地载畜量提供科学的理论依据,对维护草原生态平衡、合理安排畜牧业生产、加强草场科学化管理等具有重要的现实意义。

3.1　研究区及数据源

3.1.1　研究区概况

青藏高原平均海拔在 4000 m 以上,是世界上海拔最高、面积最大、最年轻的高原,素有“世界屋脊”和“地球第三级”之称,是我国和亚洲的“江河源”,对我国乃至整个亚洲的生态安全稳定性的维持具有重要的屏障作用[20]。青藏高原面积约为 2.53×10^6 km²,占中国领土的 26%,其中 50.9% 是草地生态系统[21]。高寒气候和独特的自然环境条件形成了以高寒草原和高寒草甸为主的我国面积最大的高寒草地生态系统,是高原自然生态系统的主体。高寒草地生态系统不仅是支撑高原畜牧业发展、维系农牧民生活水平的重要物质基础,也是青藏高原生态安全屏障的重要组成部分,而且对于涵养水源、保护生物多样性和固定碳素等生态功能起着不可替代的作用。

西藏高原是青藏高原的主体,其面积约占青藏高原的一半。草地生态系统是西藏高原分布面积最广的自然生态系统类型,占西藏总土地面积的71.15%[22],是西藏畜牧业赖以生存和发展的物质基础,也是高原生态安全屏障的重要组成部分。近年来,由于气候变化、过度放牧,青藏高原的草地退化严重[23,24],导致草地生物量减少和积累过程发生变化,直接降低了草地生态系统的物质生产能力,加重了草畜失衡的矛盾[20]。因此,以西藏高原中部为研究区,选取三种有代表性的草地类型,利用遥感信息和地面调查相结合方法,建立适合这一区域的典型草地类型遥感估算模型,用于定量表达草地地上生物量时空变化和草地退化程度等领域。

3.1.2 数据源

3.1.2.1 地面观测数据

草地生物量采样点设置在西藏高原中部当雄县、墨竹工卡县和拉萨市周边。该地区属于高原温带半干旱季风气候区,年平均温度在1.5～7.8℃,分布特点是由南部雅鲁藏布江河谷和拉萨河谷向北部逐渐降低;年平均降水在340～594 mm,从东向西呈逐渐减少趋势。

表3.1给出了2个高寒草甸、2个高寒草原和2个温性草原草地共计6个采样点的草地类型、经纬度、海拔高度等信息,数据源自西藏自治区第一次草地资源普查成果图件。采样点当雄D和日多A属于高山嵩草为建群种的典型天然高寒草甸草原类型,其中当雄D位于当雄谷地远离公路和人类活动影响较小的山坡上,而日多A位于其东部170 km处的墨竹工卡县日多乡东面宽阔平坦地段。当雄B和羊八井采样点是紫花针茅为建群种的典型高寒草原,伴有小莎草,都位于当雄谷地,两者相距近80 km,其中当雄B位于当雄县城以西远离公路的地段,羊八井采样点则位于羊八井镇北面远离公路和人类活动影响较小的地段,二者均为天然草原。拉木乡和拉萨采样点位于拉萨河谷南面相对平缓的山麓冲积扇上,属藏白蒿为建群种的西藏高原中部典型温性草原类型,均为天然草原。

表 3.1 草地生物量采样点信息及数据源

Table 3.1 The grassland types of 6 sampling points and data sources

采样点	经度(°E)	纬度(°N)	海拔高度(m)	草地类型	植被类型	数据源
当雄D	90.6275	30.2000	4590	高寒草甸	高山嵩草	西藏自治区草地类型图[25]
日多A	92.2927	29.6908	4418	高寒草甸	高山嵩草	西藏一江两河草地类型图[26]
当雄B	91.0959	30.4948	4249	高寒草原	紫花针茅、小莎草	西藏自治区草地类型图[25]
羊八井	90.4720	30.0761	4300	高寒草原	紫花针茅、小莎草	西藏自治区草地类型图[25]
拉木乡	91.5444	29.8043	3720	温性草原	藏白蒿、藏黄芪、紫花针茅	西藏一江两河草地类型图[26]
拉萨	91.1452	29.6251	3693	温性草原	藏白蒿、白草	西藏一江两河草地类型图[26]

3.1.2.2 遥感数据

草地植被遥感监测的原理是建立在草地植被光谱响应特征基础之上的,即植被在可见光波段由于植被光合作用时叶绿素的吸收而有较低的反射率,而在近红外波段有较强的反射率,这些敏感波段及其组合可以反映植被生长的空间信息与状况,通常用植被指数来反映植被的生长信息。常用的植被指数有归一化植被指数、差值植被指数、比值植被指数等。在所有卫星遥感数据源中,由于 MODIS 卫星传感器的高时间分辨率、高光谱分辨率、适中的空间分辨率等特点使得其在全球和大尺度草地植被监测中应用最为广泛。另外,MODIS 波幅较窄,避免了几个大气吸收带,在计算植被指数时有更严格的去云算法和比较彻底的大气校正[27]。因而,MODIS 植被指数可以更好地反映植被的时空变化特征,已成为开展天然草地植被遥感动态监测和宏观研究的主要遥感资料来源。

数据的获取及处理方法详见本书第 2.1.2.2 部分。

3.2　研究方法

3.2.1　地上生物量的测定

6 个典型草地类型的采样点设置在草地植被空间分布比较均一的地方。2004 年 1—12 月对这 6 个采样点采用收割样方称重法,在每月 15 日和 30 日(前后 3 d 内)两次采集草地地上生物量(above ground biomass,AGB),每次采样均随机采集 3 个 50 cm×50 cm 的样方,同时记录观测点的 GPS 数据、海拔高度、土地利用类型等。AGB 观测步骤与第 1 章中 AGB 的处理方法相同。

3.2.2　草地生物量遥感估算模型

草地生物量遥感估算模型大致分为两大类:一类是综合模型,另一类是统计模型或经验模型[1]。综合模型借助遥感信息和植被信息、气象因子等来建立,由于包含了更多的信息量,可以较精确地反映植被的生物物理参数,遥感数据的引入是为了弥补数据的不足或避免获取某些植被生长的环境条件因子的繁琐性。统计模型或经验模型不涉及机理问题,主要是对观测数据与遥感信息进行统计和相关分析,建立适当的模型用于测算。目前主要的统计模型是对植被指数与生物量或产量进行回归分析,得到测算的统计模型。本章研究方法属于这一类。常见的模型有线性、多项式、幂函数、指数、对数和 Logistic 模型等形式,回归的方法有一元回归、多元回归、逐步回归等。

3.3　结果与分析

3.3.1　高寒草甸地上生物量与植被指数之间的关系

高寒草甸类草地是在寒冷而湿润的气候条件下,由耐寒的多年生中生草本植物为主而形成的一种矮草草地类型。西藏高原的高寒草甸一般多分布在海拔 4000 m 以上的高山地带,面积为 2.54×10^7 hm²,占西藏总天然草地面积的 31.27%,为西藏第二大面积的草地类型,仅次于高寒草原草地类型[22]。

对高寒草甸类型,选取海拔 4400 m 以上的日多 A 和当雄 D 两个采样点,利用每月两次的草地地上生物量作为因变量,对应的 MODIS 植被指数 NDVI 和 EVI 作为自变量进行回归分析。结果表明,高寒草甸地上生物量与 NDVI 之间的关系呈三次多项式分布(图 3.1),其表达式为

$y=1117.1x^3-1353.2x^2+586.33x-46.695(R^2=0.6754,P<0.001,N=43)$；图 3.2 给出了生物量与 EVI 的关系，也为三次多项式，表达式为 $y=2029x^3-2012.3x^2+691.07x-32.856(R^2=0.6304,P<0.001,N=43)$。可见，以相关系数较大的回归建模原则，对高寒草甸地上生物量进行估算，NDVI 的效果要好于 EVI，前者的相关系数 $R=0.8218$，而后者为 0.7940。

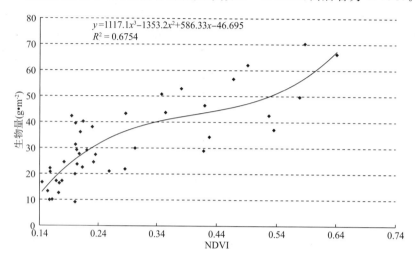

图 3.1　高寒草甸地上生物量与 MODIS NDVI 之间的关系

Fig. 3.1　Relationship between AGB and MODIS NDVI in alpine meadow

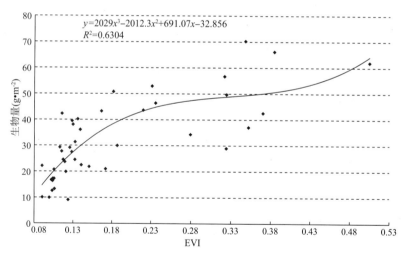

图 3.2　高寒草甸地上生物量与 MODIS EVI 之间的关系

Fig. 3.2　Relationship between AGB and MODIS EVI in alpine meadow

植被生长期间的高寒草甸鲜重与 MODIS NDVI 的关系为一次线性关系（图 3.3），表达式为 $y=115.41x-11.537(R^2=0.68,P<0.001,N=21)$；与 EVI 的关系表达式为 $y=-310.57x^2+320.81x-24.256(R^2=0.6454,P<0.001,N=21)$，见图 3.4。对鲜重的估算，同样 NDVI 的效果要优于 EVI。鲜重与 NDVI 之间的一次线性关系（$R=0.8246$）表明，在高寒草甸生长期绿色植被的鲜草生物量随着 NDVI 增大呈线性增加趋势。此外，无论是 NDVI，还是 EVI，与鲜重的相关系数均大于与总地上生物量的相关系数，表明植被指数对绿色鲜草的敏感度高于含干枯部分的总地上生物量，其估算效果更好。其主要原因是 MODIS 等卫星传

感器均为基于可见光和近红外波段反射率差异上建立的植被监测原理决定的。绿色植物的独有光谱特征和强烈的光合作用使得在可见光红光波段存在较低的反射率和强吸收区,而在近红外波段为较高的反射率和弱吸收区。文中的鲜重仅包括植被年内生长的绿色鲜草部分,而总地上生物量不仅包括绿色的鲜草,还包括立枯物、凋落物等草地的干枯部分。由于干枯部分的光谱响应与绿色部分存在显著的差异,主要体现在干枯部分在可见光红光波段至近红外波段有反射率增加的趋势,在近红外波段不存在绿色植被那样的弱吸收带,进而影响了植被指数的拟合效果。

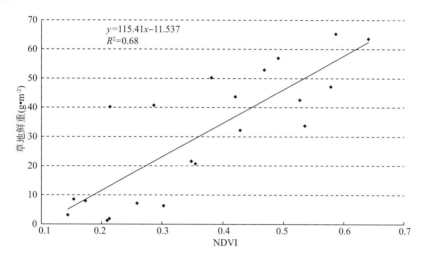

图 3.3 高寒草甸鲜重与 MODIS NDVI 之间的关系

Fig. 3.3 Relationship between FDM and MODIS NDVI in alpine meadow

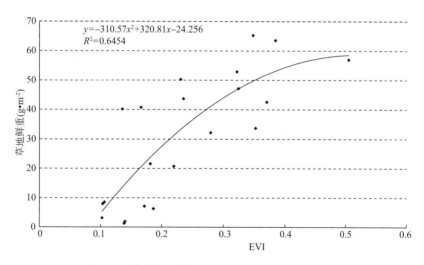

图 3.4 高寒草甸鲜重与 MODIS EVI 之间的关系

Fig. 3.4 Relationship between FDM and MODIS EVI in alpine meadow

3.3.2 高寒草原地上生物量与植被指数之间的关系

高寒草原是在青藏高原寒冷干旱的气候条件下,由耐寒的多年生旱生草本植物或小半灌木为主所组成的高寒草地类型[22]。西藏高原是我国高寒草原类草地的集中分布区,一般分布在海拔 4300～5200 m,面积为 $3.16×10^7$ hm²,占西藏草地面积的 38.94%,是西藏分布最广,面积最大的一类草地,广泛分布于藏北羌塘高原内陆湖盆区、藏南山原湖盆、宽谷区和雅鲁藏布江中游河谷区。

对高寒草原类型,选取当雄 B 和羊八井两个采样点的地上生物量与对应 16 d 合成的 MODIS NDVI 和 EVI 建立回归模型。高寒草原地上生物量与 NDVI 的关系为三次多项式(图 3.5),表达式为 $y=-4391x^3+3441.6x^2-698.96x+61.772(R^2=0.6557,P<0.001,N=42)$,与 EVI 的关系也呈三次多项式形式,表达式为 $y=-6804.9x^3+3211.5x^2-240.76x+16.805(R^2=0.6929,P<0.001,N=42)$(图 3.6)。

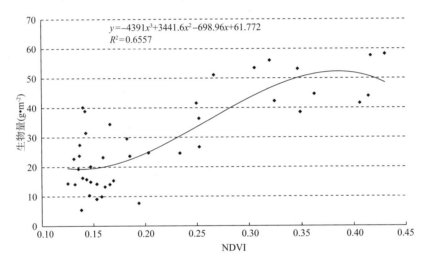

图 3.5　高寒草原地上生物量与 MODIS　NDVI 之间的关系

Fig. 3.5　Relationship between AGB and MODIS NDVI in alpine steppe

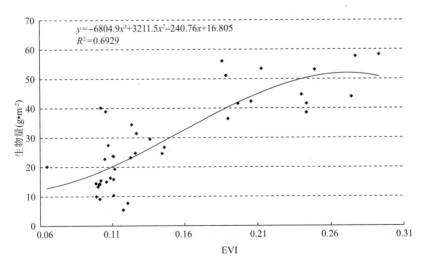

图 3.6　高寒草原地上生物量与 MODIS　EVI 之间的关系

Fig. 3.6　Relationship between AGB and MODIS EVI in alpine steppe

高寒草原地上生物量与两个 MODIS 植被指数回归结果均为三次多项式,但是与 EVI 相关系数 $R=0.8324$,与 NDVI 相关系数 $R=0.8098$。可见,EVI 对高寒草原的估算效果要好于 NDVI,主要原因是西藏高原中部地区高寒草原的覆盖度相对高寒草甸低,NDVI 易受土壤背景的影响,而 EVI 采用"抗土壤植被指数"对土壤背景的影响进行了校正[26,27],在一定程度上消除了土壤背景的影响。

高寒草原的鲜重与 MODIS NDVI 的关系为二次线性关系,其表达式为 $y=-207.46x^2+251.71x-22.574(R^2=0.6962,P<0.001,N=23)$;与 EVI 的关系表达式为 $y=-1033.2x^2+619.26x-46.325(R^2=0.8415,P<0.001,N=23)$,见图 3.7、图 3.8。

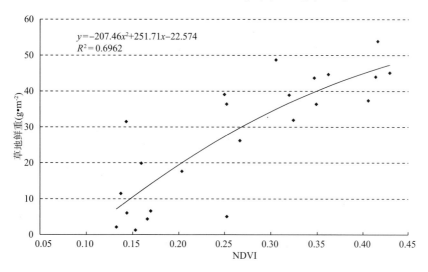

图 3.7 高原草原鲜重与 MODIS NDVI 之间的关系

Fig. 3.7 Relationship between FDM and MODIS NDVI in alpine steppe

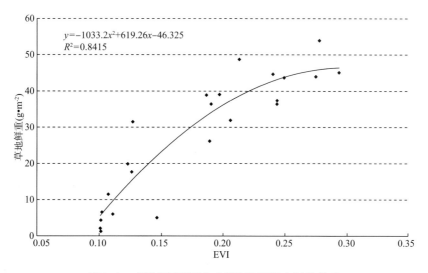

图 3.8 高原草原鲜重与 MODIS EVI 之间的关系

Fig. 3.8 Relationship between FDM and MODIS EVI in alpine steppe

同样,MODIS植被指数与高寒草原生长期绿色鲜重之间的关系均为二次线性关系,但从相关性来看,鲜重与EVI的相关系数为0.9173,而与NDVI的相关系数为0.8344。这表明,MODIS EVI对高寒草原绿色鲜草生物量的估算精度要高于NDVI,是更为适宜的植被指数。另外,NDVI与高寒草甸鲜草生物量的线性关系相比,当植被指数值较高时高寒草原鲜草生物量随EVI的增加程度要来得相对平缓。

3.3.3 温性草原地上生物量与植被指数之间的关系

温性草原是在温暖半干旱气候条件下,由中温性旱生多年生草本植物或旱生小半灌木为优势种组成的草地,在西藏高原主要分布在雅鲁藏布江中游及其支流如拉萨河、年楚河中下游、藏南湖盆以及藏东三江河谷,面积为1.79×10^6 hm²,占全区草地面积的2.2%,多生长在海拔4300 m以下的河谷谷地、阶地、山麓洪积扇及山坡下部[22]。

温性草原拉萨和拉木乡采样点地上生物量与NDVI关系式为$y = 93.233x + 39.161(R^2 = 0.1295, N = 43)$,未通过$P < 0.01$显著性检验,见图3.9;与EVI之间的关系式为$y = 102.16x + 49.738(R^2 = 0.0511, N = 43)$,也未通过$P < 0.01$显著性检验(图3.10)。对温性草原,MODIS植被指数与地面实测值之间的相关程度很低,地上生物量与NDVI、EVI之间的相关系数分别为0.3599和0.2261,而高寒草原和草甸草原的相关系数都大于0.79,呈极显著正相关关系。主要原因在于,高寒草甸和高寒草原一般分布在西藏高原海拔4000 m以上的地段,环境条件和草地植被空间分布都比较均一,且大多连片分布,适合卫星遥感估算;而温性草原分布在海拔4300 m以下谷地、阶地、山麓洪积扇及山坡下部等地形相对破碎的地区,而且伴有灌丛等植被,加上人类活动集中,使得其空间异质性远大于高寒草甸和高寒草原。

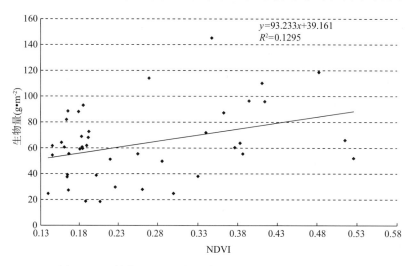

图3.9 温性草原地上生物量与MODIS NDVI之间的关系

Fig. 3.9 Relationship between AGB and MODIS NDVI in temperate steppe

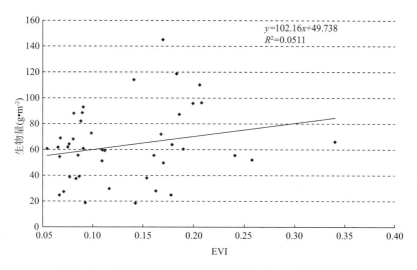

图 3.10 温性草原地上生物量与 MODIS EVI 之间的关系

Fig. 3.10 Relationship between AGB and MODIS EVI in temperate steppe

　　拉萨和拉木乡两个采样点的草地鲜重与 NDVI 关系呈线性关系，表达式为 $y=200.74x-25.471(R^2=0.6366, P<0.001, N=27)$（图 3.11）；草地鲜重与 EVI 之间也呈线性关系，表达式为 $y=321.24x-16.248(R^2=0.4687, P<0.001, N=27)$，见图 3.12。可见，对于温性草原生长期的鲜草生物量，NDVI($R=0.80$)的估算效果要优于 EVI($R=0.68$)，而且 NDVI 和 EVI 对植被生长期的地上生物量估算结果显著好于总地上生物量，这是由绿色植物在可见光红光波段强吸收和在近红外波段高反射率光谱特征所引起的。

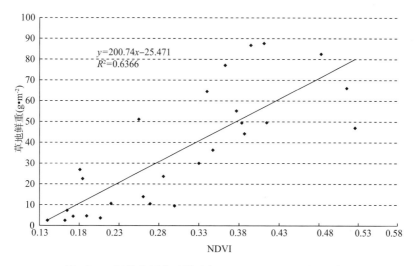

图 3.11 温性草原草地鲜重与 MODIS NDVI 之间的关系

Fig. 3.11 Relationship between FDM and MODIS NDVI in temperate steppe

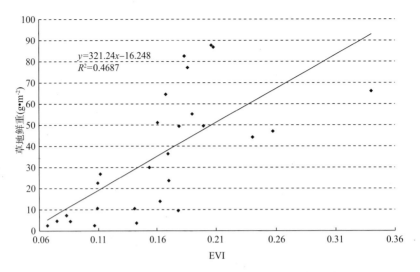

图 3.12　温性草原草地鲜重与 MODIS EVI 之间的关系

Fig. 3.12　Relationship between FDM and MODIS EVI in temperate steppe

3.3.4　模型的综合评价

高寒草甸地上生物量与 MODIS NDVI 之间呈三次多项式关系,相关系数为 0.8218,优于 EVI,且通过了 $P<0.001$ 显著性检验,为最佳监测植被指数;对高寒草原来说,EVI 是地上生物量估算的最优模型,两者的三次多项式相关系数为 0.8324,通过了 $P<0.001$ 显著性检验;但是,MODIS 植被指数与河谷温性草原地上生物量的相关系数小($R<0.36$),且未通过 $P<0.01$ 显著性检验(表 3.2)。由此可知,MODIS 植被指数适合于西藏高原的高寒草甸和高寒草原地上生物量监测和估算。

表 3.2　MODIS 植被指数与实测数据之间的相关系数

Table 3.2　The correlation between AGB and MODIS vegetation index

草地类型	实测地上生物量与植被指数				实测草地鲜重与植被指数			
	实测值与 NDVI		实测值与 EVI		实测值与 NDVI		实测值与 EVI	
	R^2	R	R^2	R	R^2	R	R^2	R
高寒草甸	0.6754	0.8218	0.6304	0.7940	0.6800	0.8246	0.6454	0.8034
高寒草原	0.6557	0.8098	0.6929	0.8324	0.6962	0.8344	0.8415	0.9173
温性草原	0.1295	0.3599	0.0511	0.2261	0.6366	0.7979	0.4687	0.6846

同样,由草地鲜重观测值与植被指数之间的关系可以发现(表 3.2),两者的相关程度高于总地上生物量与植被指数之间的关系。对于高寒草甸和高寒草原来说,鲜重与植被指数之间的关系都大于 0.8,其中最大的相关系数则为 EVI 与高寒草原鲜重之间的相关系数,达到 0.9173,最低的相关系数出现在高寒草甸鲜重与 EVI 之间,为 0.8034。相对于地表草地长势均一、异质性弱、地形相对平缓的高寒草甸和高寒草原位于高原中部拉萨河谷地段的温性草原,由于其空间分布的异质性强,长势不均一,且受局部河谷地形的影响,加之人类活动相对集中,其观测值与植被指数之间的相关系数在 0.22～0.36,明显小于前面两个典型草地类型。但是从草地生长期鲜草生物量模拟结果来看,与其他两个草地类型相差不是很大。相对而言,

MODIS NDVI 与温性草原观测之间的关系更好一些，$R=0.7979$，而与 EVI 之间的相关系数为 0.6846。MODIS 植被指数与温性草原总地上生物量之间的相关程度显著小于与草地鲜重之间的相关程度。由此表明，基于 MODIS 等卫星的植被遥感监测更适合植被生长阶段的监测，对植被的非生长季节其监测精度将降低。

此外，以往开展的草地地上生物量估算模型中并未对研究区域的草地类型进行分类，建模时包含了各种草地类型。由于不同草地类型的生物量差异极大，如高寒草原、低地沼泽化草地到灌木，所以大多数遥感估算模型是指数或幂指数形式。本章中，由于根据研究区域的草地空间分布特点对主要草地类型进行了分类，在此基础上构建实测草地生物量与遥感植被指数之间的相关模型，从而相比不分类后构建的模型明显提高了遥感生物量估算精度。杨秀春等人的研究同样表明，在北方农牧交错带根据草原类型的空间分布、自然因素特点对草原分区后，其估算模型优于不分区模型，在分区基础上建立遥感估算模型更能反映产草量的实际情况[2]。因此，采用遥感植被指数构建草地生物量估算模型时要注意不同植被指数对不同草地类型生物量响应上的差异。

然而，应指出的是，快速发展的卫星遥感技术使得我们对草地生态系统的监测有了更为快捷、便利和宏观的监测手段，但是卫星遥感技术是通过植被指数作为中间变量来间接地监测植被的，其精度有限，所以根据具体情况和区域特点需要采用大量的常规地面调查来完善和验证遥感监测模型，从而提高区域生物量等植被参数的监测精度。

3.4　结论与讨论

（1）MODIS 植被指数更适合于西藏高原高寒草甸和高寒草原地上生物量的监测和估算，然而，不同 MODIS 植被指数对不同草地类型地上生物量的响应结果有所不同。MODIS NDVI 对高寒草甸的响应要优于 EVI，而 EVI 更适合高寒草原的监测和估算。温性草原相比前两者存在更强的空间异质性，MODIS 植被指数并不适用于非生长季温性草原地上生物量的监测和估算。

（2）由于绿色植物的独有光谱响应特征，MODIS 植被指数和 3 种草地类型植被生长期鲜草生物量存在极显著的相关关系，且其估算效果要好于总地上生物量。对于高寒草甸和高寒草原来说，植被生长期鲜重与植被指数之间的相关系数大于 0.8，最高达 0.92；对温性草原，两者相关系数也均大于 0.67。其中，高寒草甸鲜草生物量估算的最佳模型是基于 MODIS NDVI 的一次线性回归模型，相关系数为 0.82；对高寒草原，则是基于 EVI 的二次线性回归模型，相关系数达 0.92；MODIS 植被指数同样适用于植被生长期温性草原鲜草生物量的估算和监测，相对而言，NDVI 效果要优于 EVI。基于 MODIS 植被指数的植被遥感监测、生物量参数的提取与估算等更适合植被生长阶段，对于非生长季节其精度将降低。

（3）同一地区不同的草地类型，不仅地上生物量的估算模型存在差异，在适宜的植被指数选择上也有差异；对同一草地类型，由于其地上生物量差异较小，使得相比其他模型线性关系或多项式关系更适合于西藏高原草地地上生物量估算模型的回归建模。

（4）由于草地的时空差异极大，草地不分类的条件下构建的遥感估算模型大多是指数或幂指数形式。如果根据研究区域的草地空间分布特点，对主要草地类型进行分类后构建生物量遥感估算模型可以明显提高生物量的估算精度。建议本研究模型在西藏高原推广应用时，须先对主要草地进行分类,然后再根据不同草地类型的估算模型,计算区域草地的地上生物量。

参考文献

[1] 徐斌,杨秀春,侯向阳,等.草原植被遥感监测方法研究进展[J].科技导报,2007,**25**(9):5-8.

[2] 杨秀春,徐斌,朱晓华,等.北方农牧交错带草原产草量遥感监测模型[J].地理研究,2007,**26**(2):213-221.

[3] 方精云,杨元合,马文红,等.中国草地生态系统碳库及其变化[J].中国科学(生命科学),2010,**40**(7):566-576.

[4] Piao S L,Fang J Y,Zhou L M,*et al*.Changes in biomass carbon stocks in China's grasslands between 1982 and 1999[J].*Global Biogeochemical Cycles*,2007,21;doi:10.1029/2005 GB002634.

[5] 马文红,方精云,杨元合,等.中国北方草地生物量动态及其与气候因子的关系[J].中国科学(生命科学),2010,**40**:632-641.

[6] 朴世龙,方精云,贺金生,等.中国草地植被生物量及其空间分布格局[J].植物生态学报,2004,**28**(4):491-498.

[7] 徐斌,杨秀春,陶伟国,等.中国草原产草量遥感监测[J].生态学报,2007,**27**(2):405-413.

[8] 金云翔,徐斌,杨秀春,等.内蒙古锡林郭勒盟草原产草量动态遥感估算[J].中国科学(生命科学),2011,**41**(12):1185-1195.

[9] 马维玲,石培礼,李文华,等.青藏高原高寒草甸植株性状和生物量分配的海拔梯度变异[J].中国科学(C辑),2010,**40**(6):533-54.

[10] 李英年,赵新全,王勤学,等.青海海北高寒草甸五种植被生物量及环境条件比较[J].山地学报,2003,**21**(3):257-264.

[11] 李英年,王勤学,古松.高寒植被类型及其植物生产力的监测[J].地理学报,2004,**59**(1):40-48.

[12] 董全民,赵新全,马玉寿,等.牦牛放牧率与小嵩草高寒草甸暖季草地地上、地下生物量相关分析[J].草业科学,2005,**22**(5):65-71.

[13] 除多,姬秋梅,德吉央宗,等.利用 EOS/MODIS 数据估算西藏藏北高原地表草地生物量[J].气象学报,2007,**65**(4):612-620.

[14] 梁天刚,崔霞,冯琦胜,等.2001—2008 年甘南牧区草地上生物量与载畜量遥感动态监测[J].草业学报,2009,**18**(6):12-22.

[15] 张凯,郭铌,王润元,等.甘南草地上生物量的高光谱遥感估算研究[J].草业科学,2009,**26**(11):44-50.

[16] 王正兴,刘闯,赵冰茹,等.利用 MODIS 增强型植被指数反演草地地上生物量[J].兰州大学学报:自然科学版,2005,**41**(2):10-16.

[17] 姬秋梅,Robeto Quiroz,Calos Leon-Velarde.应用数字照相机研究西藏草地产草量[J].草地学报,2008,**16**(1):34-38.

[18] 孙明,杨洋,沈渭寿,等.基于 TM 数据的雅鲁藏布江源区草地植被盖度估测[J].国土资源遥感,2012,**24**(3):71-77.

[19] Yang Y H,J Y Fang,Pan Y D,*et al*.Aboveground biomass in Tibetan grasslands[J].*Journal of Arid Environments*,2009,**73**:91-95.

[20] 孙鸿烈,郑度,姚檀栋,张镱锂.青藏高原国家生态安全屏障保护与建设[J].地理学报,2012,**67**(1):3-12.

[21] 龙瑞军.青藏高原草地生态系统之服务功能[J].科技导报,2007;**25**(9):26-28.

[22] 西藏自治区土地管理局,西藏自治区畜牧局.西藏自治区草地资源[M].北京:科学出版社,1994.

[23] 刘淑珍,周麟,仇崇善,等.西藏自治区那曲地区草地退化沙化研究[M].拉萨:西藏人民出版社,1999.

[24] 高清竹,李玉娥,林而达,等.藏北地区草地退化的时空分布特征[J].地理学报,2005,**60**(6):965-973.

[25] 西藏自治区土地管理局和畜牧局编制.1：200 万西藏自治区草地类型图[Z].1991.

[26] 西藏自治区畜牧局和西藏自治区土地管理局编制.1：20 万西藏自治区—江两河中部地区草地类型图[Z].1991.

[27] 马琳雅,黄晓东,方金,等.青藏高原草地植被指数时空变化特征[J].草业科学,2011,**28**(6):1106-1116.

[28] 王正兴,刘闯,Huete A. 植被指数研究进展：从 AVHRR-NDVI 到 MODIS-EVI[J]. 生态学报,2003,**23**(5):979-986.

Aboveground Biomass Estimate Methods for Typical Grassland Types on the Tibetan Plateau

Abstract：The estimation of aboveground biomass(AGB)is necessary for studying productivity,carbon cycles,nutrient allocation,fuel accumulation in terrestrial ecosystems,and rangeland management and monitoring. In this paper,AGB estimate models are developed for three major grassland types(alpine meadow,alpine steppe,and temperate steppe)in Tibetan Plateau by integrating AGB data collected from 6 sites in the central Tibet in 2004 and concurrent vegetation index(VI)derived from MODIS datasets. Results showed that MODIS VI is more suitable for estimates of alpine meadow and alpine steppe. The cubic polynomial regression based on NDVI is the best estimate model for alpine meadow with correlation of 0. 82 while for alpine steppe it is EVI based cubic polynomial regression model with correlation of 0. 83,whereas due to strong spatial heterogeneity of temperate steppe in the central Tibet the relationship between AGB and VI for temperate steppe is poorer than for alpine grassland(alpine meadow,alpine steppe). The MODIS VI based estimates of AGB during the growing season is better than the total biomass；during the growing season the correlations between AGB of alpine grassland(alpine meadow and alpine steppe)and MODIS VI is greater than 0. 8 with a maximum value of 0. 92,and for temperate steppe it is above 0. 67 also. In contrast,NDVI is the best vegetation index for AGB estimates of alpine meadow and temperate steppe while EVI is the best for alpine steppe. Due to unique spectral response of green vegetation,MODIS VI is more suitable for estimates of AGB during the growing season and the accuracy of AGB estimates will decrease during non-growing season. For the same types of grassland,because of less difference in AGB,compared with other estimate models,the linear or polynomial relationship is more suitable for modeling or estimating AGB in Tibetan Plateau.

Keywords：aboveground biomass；typical grassland；estimate model；Tibetan Plateau

第 4 章　藏北草地地上生物量及遥感监测模型

【摘　要】　草地退化已成为藏北地区面临的主要生态环境问题。为了定量监测草地生物量和退化草地的生物量动态变化,利用 8—9 月藏北地区草地地上生物量最大时期的地面实测数据,分析了其地上生物量大小和空间分布特征,在此基础上,结合同期的 Terra MODIS 植被指数数据,建立了草地地上生物量的遥感监测和估算模型。主要结论如下:
(1)由于受高寒气候、土壤、水分等环境因素的限制,8—9 月藏北地区平均的草地地上生物量较小,为 96.88 g·m^{-2},其中绿色鲜草的比重在 80% 以上;不同区域不同草地类型地上生物量差异很大,范围在 37.10～589.12 g·m^{-2},平均而言,高寒沼泽化草甸的地上生物量最大,达 356.84 g·m^{-2},其次是温性草原(64.48 g·m^{-2})和高寒草甸(61.61 g·m^{-2}),高寒草原草地最低,为 48.87 g·m^{-2};(2)基于 MODIS NDVI 的合成、生长型、指数函数、逻辑斯谛等 4 个模型是估算藏北草地地上生物量的最优模型;(3)生物量的空间分布呈东南向西北减少态势,东南部部分地段在 100 g·m^{-2} 以上,西北部则在 20 g·m^{-2} 以下。

【关键词】　草地地上生物量　遥感监测模型　藏北　西藏高原

草地生态系统是陆地生态系统中最重要、分布最广的生态系统类型之一,全球草地面积约占地球陆地面积的 20%,草地不仅是畜牧业最廉价的饲料来源和最重要的物质基础,也是野生动物栖息繁衍的场所,对于全球碳循环和气候调节起重要的作用[1,2]。草地还具有防风固沙、涵养水源、防止水土流失、培肥土壤、调节小气候、净化空气、美化环境等多种功能,是重要的国土资源。我国草地面积约占陆地总面积的 1/3[3],主要分布在东北、内蒙古、黄土高原、青藏高原及新疆等地,为我国分布面积最广的生态系统类型之一,是全球草地生态系统的重要组成部分[2],其中位于干旱、半干旱地区的温带草地是欧亚草原的重要组成部分[4],而高寒草地则主要分布在对全球气候变化敏感的青藏高原。

西藏是青藏高原的主体,作为我国五大牧区之一,草地是西藏畜牧业赖以生存和发展的物质基础。由于所处的特殊地理位置,多样的环境和复杂的气候类型造就了繁多而复杂的草地类型。从热量条件看,既有热带、亚热带分布的草地类型,又有温带、亚寒带、寒带分布的草地类型。从水分条件而言,既有湿润、半湿润的草地类型,也有半干旱、干旱、极干旱的草地类型。在全国划定的 18 个草地类型中除干热稀树灌草丛外,其他 17 个草地类型在西藏均有分布,西藏是我国草地类型分布最复杂的省区,可以说西藏的草地类型是我国草地类型的缩影[5]。

藏北地区是长江、怒江、澜沧江等我国主要江河的发源地之一[6]。在自然和人为因素的双重影响下,近年来藏北地区的草地退化严重,草地生产力明显下降,已成为社会、经济、生态可持续发展的重大障碍[7,8]。草地退化的直接结果是草地生产力的下降和生物量积累过程的变化[9]。目前,藏北草地退化研究大多以从不同时空尺度的遥感信息获取的植被指数为主要信息源来推算草地退化程度为主。虽然曾开展过西藏自治区第一次草地资源调查等基础性草地资源普查工作,但是由于缺少较连续的地面草地观测,使得无法直接获得草地生物量时空分布特征以及草地退化后生物量变化的定量表达。因此,本章的目的是通过较连续的地面草地地上生物量观测结合遥感信息建立适合藏北高原乃至全西藏自治区的草地生物量定量化监测模型和方法,为草地退化、草地生产力的季节性变化、草地资源有效管理和利用以及合理确定草地载畜量提供重要的科学理论依据,对维护草原生态平衡、合理安排畜牧业生产、加强草场科学化管理等具有重要的现实意义。

常用的草地生物量监测模型有生理学模型、地面光学模型和卫星遥感统计模型。前两者只能适用于单点和小区域的草地监测。由于卫星遥感技术的飞速发展和各种不同时间、空间、波谱分辨率遥感数据的日益增多,以及其更为宏观、动态性更强和监测范围更大的特点,卫星遥感统计模型成为目前区域到大尺度草地生物量监测的主要手段,在国内外得到了广泛的应用[10]。

本章首先利用草地地面观测资料分析了藏北主要草地类型的地上生物量大小和差异,在此基础上结合同期的 MODIS 卫星遥感图像建立了草地地上生物量遥感监测和估算模型,定量揭示了两者的关系,最后利用其中的最优模型研究了草地上生物量的空间分布特征,旨在为藏北的草地生物量监测和草地退化等研究提供理论依据和有效的监测手段。

4.1 研究区概况

研究区包括西藏自治区的那曲地区和拉萨市,位于 29.24°～36.51°N,83.87°～95.00°E,总面积为 42×10^4 km²,占西藏自治区总面积的 35%。研究区北部那曲地区大部分海拔在 4600～5100 m,又称"羌塘",意为"北方平原";南部拉萨地区平均海拔为 4616 m,雅鲁藏布江及其支流拉萨河下游河段海拔均低于 4000 m。降水分布特点是东部向西部呈逐渐减少趋势,温度则由南向北逐渐降低。研究区除了东南部边缘的小片面积森林和灌丛外,是大面积的草地。由于水热条件的差异,草地分布特点是:东南部由于气候温和、半湿润,以半湿润灌丛和亚高寒草甸为主,中部因气候寒冷、半湿润,为高寒草甸,西部是紫花针茅为优势种的高寒草原,西北部是高寒荒漠,南部拉萨河和雅鲁藏布江河谷为温性草原和山地草原[11,12]。主要草地类有高寒草原、高寒草甸、温性草原、高寒草甸草原、高寒荒漠草原以及低地和山地草甸类等。其中,高寒草原面积最大,有 1371.30×10^4 hm²,占研究区草地总面积的 37.79%,其次为高寒草甸类,达 984.62×10^4 hm²,占草地总面积的 27.13%。这两种草地类型占研究区草地总面积的 64.92%,可见,高寒草原和高寒草甸草地是研究区草地资源的主体。此外,面积相对较大的有高寒荒漠草原类和高寒草甸草原类,分别为总面积的 13.26% 和 12.20%,其中高寒荒漠类草原仅在那曲北部出现;温性草原类面积为 32.07×10^4 hm²,仅占研究区草地总面积的 0.88%,且和低地草甸类、沼泽类一样,仅在研究区南部拉萨地区河谷地段才有出现。

4.2　数据及处理方法

4.2.1　遥感数据

　　MODIS 传感器搭载在美国地球观测系统上午星 Terra 卫星上,第一颗 Terra 卫星于 1999 年 12 月正式投入运行。由于 MODIS 传感器的高时间分辨率、高光谱分辨率、适中的空间分辨率等特点使得其在全球草地等植被监测中得到了广泛的应用。由于 MODIS 波幅较窄,避免了几个大气吸收带,在计算植被指数时有更严格的去云算法和比较彻底的大气校正[13]。因而,MODIS 植被指数可以更好地反映植被的时空变化特征,已成为开展天然草地等植被遥感动态监测和宏观研究的主要遥感资料。

　　本章采用了西藏高原大气环境科学研究所接收的 2004 年 9 月 13 日和 9 月 27 日两幅晴空的 MODIS 图像,对应的地面草地观测资料是 13—15 日和 27—29 日采集的。8 月高原正值雨季,以多云天气为主,没有找到适合草地监测的晴空无云 MODIS 卫星图像,所以采用了位于美国地质调查局(USGS)地球资源观测和科学中心(EROS)的 NASA MODIS 陆地产品分发中心(https://lpdaac.usgs.gov)下载的 MOD13Q1 产品。MOD13Q1 产品属于 MODIS 陆地专题产品,全球的 MOD13Q1 数据是一个采用正弦曲线(Sinusoidal)投影方式的 3 级网格数据产品,空间分辨率为 250 m×250 m,每隔 16 d 提供一次植被指数数据。本章中,8 月上半月 16 d 合成植被指数图像对应的观测资料是 12—17 日采集的;下半月合成图像对应的是 28—30 日采集草地观测资料。遥感模型精度验证中同样采用了 6 月和 7 月每月 2 次的 MOD13Q1 NDVI 数据。

4.2.2　地面观测数据

　　2004 年 1—12 月研究区典型草地类型区选择了 10 个采样点,采样点设置在草地植被空间分布比较均一的地方,用收割样方称重法开展了每月 15 日和 30 日前后 3 d 内两次的草地地上生物量(aboveground biomass,AGB)采样工作,每次采样有 50 cm×50 cm 的 3 个小样方,同时记录了观测点的 GPS 数据、高程、土地利用类型等。AGB 观测步骤与第 1 章中 AGB 的处理方法相同。

　　由于研究区内 8—9 月牧草发育成熟,地上生物量在年内达最大值,且相对稳定一段时间,所以为了有效地监测这一时期的草地生产力,本章采用了 2004 年 8—9 月的地面草地采样数据。此外,2004 年 8 月 14 日、28 日和 9 月 15 日、29 日西藏自治区畜牧科学研究所对研究区内的拉萨市林周县牦牛选育场附近的天然草地做了草地地上生物量和覆盖度等观测,本章也利用了这些观测数据。11 个采样点分布见图 4.1。

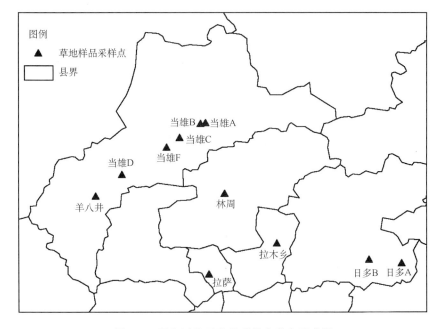

图 4.1　研究区地面草地采样点分布示意图

Fig. 4.1　The grassland sampling points and administrative boundary in the study area

4.2.3　采样点草地类型

表 4.1 给出了 11 个草地采样点的草地类型、植被类型、经纬度、高程等信息,其中的草地类型和植被类型数据源自西藏自治区第一次草地资源普查成果。从表 4.1 中可以看出,采样点日多 A 和当雄 D 属于高寒草甸草原类型;当雄 B 和羊八井采样点为典型的高寒草原草地;拉萨和拉木乡采样点位于拉萨河谷,属温性草原类型。当雄 A 和当雄 F 属于低地高寒沼泽化草甸,有围栏网保护,用于春季放牧,其中当雄 A 位于当雄县城北侧 500 m 处,当雄 F 位于当雄谷地宽阔地段。日多 B 采样点位于研究区东部墨竹工卡县境内河谷,为低地高寒沼泽化草甸,但没有围栏网保护。林周采样点属于高寒草甸类型。当雄 C 采样点则位于当雄谷地青藏公路西侧,附近有青藏铁路穿过,为高寒草甸类型,但是相对于日多 A 和当雄 D 两个同类型草地相比,这里的人类活动影响较多,且此观测点的开阔程度较其他两个差,所以虽同属高寒草甸类型,当雄 C 的代表性较日多 A 和当雄 D 差。

表 4.1　草地生物量采样点及草地类型

Table 4.1　The description of 11 sampling points and data sources

观测点	经度(°E)	纬度(°N)	高程(m)	草地类型	主要植被类型	来源
日多 A	92.2927	29.6908	4418	高寒草甸 Alpine meadow	高山嵩草 *Kobresia pygmaea*	文献[14]
日多 B	92.0968	29.7099	4150	高寒沼泽化灌丛草甸 Alpine swamp meadow	小叶金露梅(杜鹃)、高山嵩草 *Dasiphora parvifolia*, *Kobresia pygmaea*	文献[14]

观测点	经度(°E)	纬度(°N)	高程(m)	草地类型	主要植被类型	来源
拉木乡	91.5444	29.8043	3720	温性干草原 Temperate steppe	藏白蒿 Artemisia younghusbandii	文献[14]
拉萨	91.1452	29.6251	3693	温性干草原 Temperate steppe	藏白蒿、白草 Artemisia younghusbandii, Pennisetum flaccidum	文献[14]
当雄 A	91.1257	30.4975	4233	高寒沼泽化草甸 Alpine swamp meadow	藏北嵩草 Kobresia littledalei	文献[15]
当雄 B	91.0959	30.4948	4249	高寒草原 Alpine steppe	紫花针茅 Stipa purpurea	文献[15]
当雄 C	90.9724	30.4127	4216	高寒草甸 Alpine meadow	高山嵩草、圆穗蓼 Kobresia pygmaea, Polygonum macrophyllum	文献[15]
当雄 D	90.6275	30.2000	4590	高寒草甸 Alpine meadow	高山嵩草 Kobresia pygmaea	文献[15]
当雄 F	90.8933	30.3574	4236	高寒沼泽化草甸 Alpine swamp meadow	高山嵩草 Kobresia pygmaea	文献[15]
林周	91.2363	30.0919	4546	高寒草甸 Alpine meadow	高山嵩草 Kobresia pygmaea	文献[14]
羊八井	90.4720	30.0761	4300	高寒草原 Alpine steppe	紫花针茅 Stipa purpurea	文献[15]

4.3 结果分析

4.3.1 地上生物量的大小

8—9 月研究区的草地趋于成熟,生产力处于一年中的最高阶段,但由于受西藏高原高寒气候、土壤和水热等条件的制约,平均的草地上生物量较小,只有 96.88 g·m^{-2},其中,鲜重和干枯重量平均值分别为 77.66 g·m^{-2} 和 19.22 g·m^{-2},鲜重的比例在 80% 以上。8—9 月部分采样点没有干枯草地出现(表 4.2),仅有绿色的鲜草。由于研究区草地类型、所处地理位置和水分条件的差异,不同采样点的生物量差异很大,范围在 37.10~589.12 g·m^{-2},其中,当雄县附近的低地高寒沼泽化草甸地上生物量最大,达 589.12 g·m^{-2},其次为墨竹工卡境内的低地高寒沼泽化草甸,在 212.73~327.04 g·m^{-2},其他采样点的地上生物量都小于 100 g·m^{-2},最小的只有 37.10 g·m^{-2},位于墨竹工卡县东部,属于高寒草甸类型。同样,草地鲜重的差异也很大,最大值达到 541.24 g·m^{-2},而最小的只有 18.90 g·m^{-2},平均为 77.66 g·m^{-2},占草地总地上生物量的 80.16%。8—9 月研究区草地干枯重在 0~81.34 g·m^{-2},平均占地上生物量的 19.84%。不同草地类型地上生物量特点表现为:沼泽化草甸的平均生物量最大,达 356.84 g·m^{-2},为其他草地类型的 5~7 倍,其次是温性草原(64.48 g·m^{-2})和高寒草甸(61.61 g·m^{-2}),高寒草原的平均地上生物量最低,为 48.87 g·m^{-2}。

表 4.2　藏北草地地上生物量(单位:g·m^{-2})

Table 4.2　Aboveground biomass in the North Tibet(g·m^{-2})

		最大值	最小值	平均
高寒草甸	鲜重	70.14	18.90	44.43
	干枯重	39.62	0.00	17.18
	总地上生物量	91.84	37.10	61.61
高寒草原	鲜重	45.08	26.18	38.97
	干枯重	24.92	0.00	9.90
	总地上生物量	58.24	41.58	48.87
温性草原	鲜重	77.14	23.66	52.11
	干枯重	26.04	0.00	12.38
	总地上生物量	87.22	49.70	64.48
沼泽化草甸	鲜重	541.24	190.05	303.26
	干枯重	81.34	22.68	53.59
	总地上生物量	589.12	212.73	356.84
平均	鲜重	541.24	18.90	77.66
	干枯重	81.34	0.00	19.22
	总地上生物量	589.12	37.10	96.88

4.3.2　地上生物量估算模型的建立

植被指数是表征地表植被特征的重要指标。跟其他卫星光学传感器一样,MODIS 植被指数是根据植被红光、近红外波段的反射率和其他因子及其组合所获得的植被指数来提取植被信息的。MODIS 最为常用的植被指数有归一化植被指数 NDVI 和增强植被指数 EVI,由空间分辨率为 250 m 的红光波段(620～670 nm)、近红外波段(841～876 nm)和空间分辨率为 500 m 的蓝光波段(459～479 nm)反射率组合计算的。

本章中,分别以实测的草地地上生物量 AGB 和鲜重为因变量,以 NDVI、EVI 植被指数为自变量建立了回归模型。为了找出适合研究区最佳的草地监测和估算模型,研究中采用了一元线性回归模型和合成模型等 8 个非线性回归模型共计 9 个较常用的模型。最终建模结果见表 4.3、表 4.4。从表 4.3 中列出的结果来看,依据决定系数 R^2 和 F 检验值较大的回归建模原则,基于 NDVI 植被指数的合成模型、生长型模型、指数函数模型、逻辑斯谛模型等 4 个模型拟合效果最好,且模拟结果完全一致,具有相同的决定系数和 F 检验值($R^2 = 0.629$,$F = 49.209$),都通过了 $P < 0.001$ 的显著性检验;其他模型的 $R^2 < 0.6$,拟合效果由好到差依次是一元线性回归模型、幂函数模型、对数模型、S 曲线模型和反函数模型。对 EVI 植被指数,合成模型、生长型模型、指数函数模型、逻辑斯谛模型等 4 个模型的模拟结果也一样,模拟效果较NDVI 差($R^2 = 0.499$,$F = 28.872$);其他模型效果由好到差与基于 NDVI 的结果一致,只是决定系数 R^2 和 F 检验值均小于基于 NDVI 的模拟结果。由此可见,对研究区的草地地上生物量的估算,NDVI 拟合效果好于 EVI,NDVI 更适合于研究区草地植被生物量的监测和估算。

在所有模型中,以 NDVI 为自变量的合成模型、生长型模型、指数函数模型、逻辑斯谛模型等 4 个模型是研究区草地地上生物量监测和估算的最优模型,且结果都是等价。在 9 个模型中,反函数模型回归效果最差,对 NDVI,$R^2 = 0.190$,$F = 6.824$;对 EVI,$R^2 = 0.211$,$F = 7.750$,在所有模型中最低。合成模型等 4 个草地地上生物量估算模型公式如下:

$$合成模型 \qquad y = 19.421 \times 23.987^x \qquad (4-1)$$
$$生长型模型 \qquad y = e^{(2.966 + 3.178x)} \qquad (4-2)$$
$$指数函数模型 \qquad y = 19.421 e^{(3.178x)} \qquad (4-3)$$
$$逻辑斯谛模型 \qquad y = 1/(0 + 0.051 \times 0.042^x) \qquad (4-4)$$

式中:x 表示 NDVI 值。

表 4.3　2004 年 8—9 月藏北草地总地上生物量 AGB 遥感估算模型

Table 4.3　AGB estimate models in the North Tibet from August to September in 2004

模型	植被指数	模型方程	R	R^2	F
一元线性回归模型 $Y = b_0 + b_1 x$	NDVI	$y = 500.013x - 107.258$	0.719 *	0.517	31.005
	EVI	$y = 908.641x - 118.609$	0.671 *	0.450	23.768
合成模型 $Y = b_0 (b_1)^x$	NDVI	$y = 19.421 \times 23.987^x$	0.793 *	0.629	49.209
	EVI	$y = 19.251 \times 246.435^x$	0.706 *	0.499	28.872
生长型模型 $y = e^{(b_0 + b_1 x)}$	NDVI	$y = e^{(2.966 + 3.178x)}$	0.793 *	0.629	49.209
	EVI	$y = e^{(2.958 + 5.507x)}$	0.706 *	0.499	28.872
对数模型 $y = b_0 + b_1 \ln(x)$	NDVI	$y = 258.805 + 165.992\ln(x)$	0.597 **	0.357	16.089
	EVI	$y = 366.057 + 179.264\ln(x)$	0.567 **	0.322	13.776
S 曲线模型 $y = e^{(b_0 + b_1 / x)}$	NDVI	$y = e^{(4.998 - 0.254/x)}$	0.510 **	0.260	10.188
	EVI	$y = e^{(5.170 - 0.189/x)}$	0.513 **	0.263	10.335
指数函数模型 $y = b_0 e^{b_1 x}$	NDVI	$y = 19.421 e^{(3.178x)}$	0.793 *	0.629	49.209
	EVI	$y = 19.251 e^{(5.507x)}$	0.706 *	0.499	28.872
反函数模型 $y = b_0 + b_1 / x$	NDVI	$y = 205.973 - 37.741/x$	0.436 ***	0.190	6.824
	EVI	$y = 237.946 - 29.463/x$	0.459 ***	0.211	7.750
幂函数模型 $y = b_0 (x)^{b_1}$	NDVI	$y = 204.493x^{1.083}$	0.677 *	0.458	24.543
	EVI	$y = 382.679x^{1.121}$	0.616 *	0.380	17.765
逻辑斯谛模型 $y = 1/(1/u + b_0 (b)^x)$	NDVI	$y = 1/(0 + 0.051 \times 0.042^x)$	0.793 *	0.629	49.209
	EVI	$y = 1/(0 + 0.052 \times 0.004^x)$	0.706 *	0.499	28.872

注:* 表示 $P < 0.001$,** 表示 $P < 0.01$,*** 表示 $P < 0.05$。

表 4.4 给出了分别以 MODIS NDVI 和 EVI 为自变量,以实测的草地鲜重为因变量,利用合成模型等 9 种模型建立的拟合结果。根据决定系数 R^2 和 F 检验值较大的回归建模原则,无论自变量是 NDVI,还是 EVI,合成模型、生长型模型、指数函数模型、逻辑斯谛模型等 4 个

模型结果一致,均通过了 $P<0.001$ 的显著性检验,跟前述的总地上生物量模拟结果一样,只是基于 NDVI 的决定系数($R^2=0.694$)和 F 检验($F=65.824$)值都大于以 EVI 为自变量的结果($R^2=0.591$,$F=41.947$)。可见,对研究区的绿色鲜草生物量的监测来讲,NDVI 的估算效果仍好于 EVI。对 NDVI,除了以上 4 模型结果一致外,其他模型的模拟效果由好到差依次是幂函数模型($R^2=0.598$)、一元线性回归模型($R^2=0.506$)、S 曲线模型($R^2=0.428$)、对数模型($R^2=0.369$)和反函数模型($R^2=0.213$);对 EVI 来说,顺序为幂函数模型($R^2=0.506$)、一元线性回归模型($R^2=0.468$)、S 曲线模型($R^2=0.433$)、对数模型($R^2=0.369$)和函数模型($R^2=0.240$)。4 个草地鲜重估算的最佳模型公式如下:

$$合成模型 \quad y=10.929\times46.993^x \tag{4-5}$$

$$生长型模型 \quad y=e^{(2.391+3.850x)} \tag{4-6}$$

$$指数函数模型 \quad y=10.929e^{(3.850x)} \tag{4-7}$$

$$逻辑斯谛模型 \quad y=1/(0+0.091\times0.0213^x) \tag{4-8}$$

式中:x 表示 NDVI 值。

表 4.4　2004 年 8—9 月藏北草地鲜草生物量(鲜重)遥感估算模型

Table 4.4　Fresh AGB estimate models in the North Tibet from August to September

模型	植被指数	模型方程	R	R^2	F
一元线性回归模型 $Y=b_0+b_1x$	NDVI	$y=443.940x-103.588$	0.712 *	0.506	29.750
	EVI	$y=830.422x-119.282$	0.684 *	0.468	25.481
合成模型 $Y=b_0(b_1)^x$	NDVI	$y=10.929\times46.993^x$	0.833 *	0.694	65.824
	EVI	$y=10.208\times1007.964^x$	0.769 *	0.591	41.947
生长型模型 $y=e^{(b_0+b_1x)}$	NDVI	$y=e^{(2.391+3.850x)}$	0.833 *	0.694	65.824
	EVI	$y=e^{(2.323+6.916x)}$	0.769 *	0.591	41.947
对数模型 $y=b_0+b_1\ln(x)$	NDVI	$y=225.320+151.371\ln(x)$	0.607 *	0.369	16.952
	EVI	$y=328.219+166.867\ln(x)$	0.589 **	0.347	15.405
S 曲线模型 $y=e^{(b_0+b_1/x)}$	NDVI	$y=e^{(5.050-0.376/x)}$	0.655 *	0.428	21.737
	EVI	$y=e^{(5.306-0.280/x)}$	0.658 *	0.433	22.112
指数函数模型 $y=b_0e^{b_1x}$	NDVI	$y=10.929e^{(3.850x)}$	0.833 *	0.694	65.824
	EVI	$y=10.208e^{(6.916x)}$	0.769 *	0.591	41.947
反函数模型 $y=b_0+b_1/x$	NDVI	$y=181.233-35.833/x$	0.462 ***	0.213	7.871
	EVI	$y=212.528-28.169/x$	0.490 **	0.240	9.140
幂函数模型 $y=b_0(x)^{b_1}$	NDVI	$y=211.741x^{1.427}$	0.773 *	0.598	43.071
	EVI	$y=512.346x^{1.516}$	0.722 *	0.522	31.621
逻辑斯谛模型 $y=1/(1/u+b_0(b)^x)$	NDVI	$y=1/(0+0.091\times0.0213^x)$	0.833 *	0.694	65.824
	EVI	$y=1/(0+0.0980\times0.001^x)$	0.769 x	0.591	41.947

注:* 表示 $P<0.001$,** 表示 $P<0.01$,*** 表示 $P<0.05$。

从表 4.3 和表 4.4 可以看出,无论是 MODIS NDVI,还是 EVI,对草地鲜草生物量的估算效果要好于总地上生物量。这表明,MODIS 植被指数更适合于草地绿色鲜草生物量的监测,其主要原因是 MODIS 等卫星传感器的植被监测原理决定的。这种原理是基于可见光及近红外波段的反射率差异。绿色植物的独有光谱特征和强烈的光合作用使得在可见光红光波段存在低的反射率和强吸收区,而在近红外波段为较高的反射率和弱吸收区。文中的鲜重仅包括植被年内生长的绿色鲜草部分,而总地上生物量不仅包括绿色的鲜草还包括立枯物、凋落物等草地干枯部分。由于干枯部分和绿色鲜草的光谱响应存在显著的差异,主要体现在干枯部分在可见光红光波段至近红外波段都有较强的反射率,在可见光波段不存在绿色植被那样由于植被光合作用使得叶绿素的吸收而低反射率和强吸收带,在近红外波段绿色植被的反射率也明显大于干枯植被的反射率,综合作用下影响了植被指数的拟合效果。

4.3.3 模型的验证

为了验证遥感估算模型的精度,2004 年 6 月和 7 月每月 2 次的地面草地生物量观测数据与基于对应每月 2 次 MODIS 16 d 合成 NDVI 植被指数数据(MOD13Q1)的合成模型公式(4-1)估算结果进行了比较(图 4.2)。两者的线性相关系数达到 0.84,通过了 $P<0.001$ 显著性检验,表明两者存在非常显著的线性关系,估算值与实测值在 $P<0.001$ 水平下没有显著性差异,这充分说明利用基于 MODIS NDVI 的地上生物量合成模型估算藏北草地地上生物量是可行的。此外,地面观测和模型估算的平均值分别为 62.9 g·m^{-2} 和 70.1 g·m^{-2},实测值小于估算值 7.2 g·m^{-2},相对误差为 11.5%;两者的均方根误差和平均相对误差分别为 28.5 g·m^{-2} 和 32.1%。

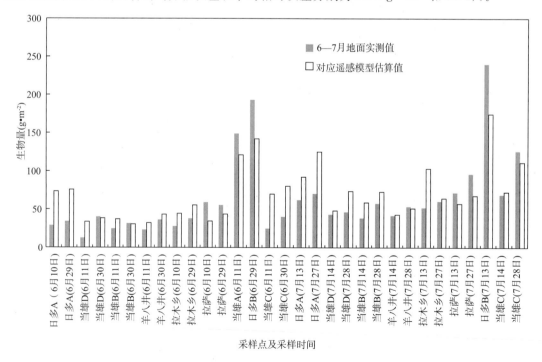

图 4.2　实测的草地地上生物量与模型估算值之间的对比

Fig. 4.2　Comparison between aboveground biomass by field measurement and model estimate

4.3.4　地上生物量分布特征

利用 MODIS NDVI 与 AGB 之间的 4 个最佳回归模型之一的合成模型公式(4-1),绘制了研究区 2004 年 9 月中旬草地地上生物量 AGB 空间分布(彩图 1)。AGB 总体分布特征表现为东南部到西北部呈逐渐减少特征。那曲地区东部部分地段的生物量在 $100 \mathrm{~g} \cdot \mathrm{m}^{-2}$ 以上,到西北部减少到 $20 \mathrm{~g} \cdot \mathrm{m}^{-2}$ 以下。藏北高原无植被区占整个研究区的 4.24%,主要地表类型为湖泊、高山冰川及高山裸岩区。AGB 在 $30 \sim 40 \mathrm{~g} \cdot \mathrm{m}^{-2}$ 所占面积比例最大,为研究区总面积的 37.68%,主要分布藏北中部地区;其次是生物量在 $20 \sim 30 \mathrm{~g} \cdot \mathrm{m}^{-2}$ 的区域,占整个面积的 27.92%,分布在研究区北部靠近昆仑山脉的广大地区;$40 \sim 50 \mathrm{~g} \cdot \mathrm{m}^{-2}$ 的面积为总面积的 9.11%,位居第三,分布在念青唐古拉山脉以北地区。其他以 $10 \mathrm{~g} \cdot \mathrm{m}^{-2}$ 间隔的各分级所占的面积都小于 10%。AGB 在 $100 \mathrm{~g} \cdot \mathrm{m}^{-2}$ 以上的地段主要分布在藏北东部和东南部雨水相对丰沛的河谷两侧山坡和谷地上,为总面积的 5.45%,其中个别地段的 AGB 在 $200 \mathrm{~g} \cdot \mathrm{m}^{-2}$ 以上。

藏北高原 9 月中旬草地鲜重(鲜草生物量)的空间分布与 AGB 分布基本一致(彩图 2),呈东南向西北减少趋势。东部和东南部个别地段鲜重在 $200 \mathrm{~g} \cdot \mathrm{m}^{-2}$ 以上,鲜重在 $100 \sim 200 \mathrm{~g} \cdot \mathrm{m}^{-2}$ 区域主要在藏北东部和东南部,其中东部的索县分布最广,但仅占总面积的 1.84%。东南部大部分区域的鲜重在 $60 \sim 100 \mathrm{~g} \cdot \mathrm{m}^{-2}$,中部在 $20 \sim 60 \mathrm{~g} \cdot \mathrm{m}^{-2}$;北部则在 $20 \mathrm{~g} \cdot \mathrm{m}^{-2}$ 以下,占研究区面积的 38.10%。

4.4　结论

(1)8—9 月藏北地区的草地地上生物量达到年内最大值,但因高寒气候、土壤、水分等环境因素的制约,平均的草地地上生物量较小,为 $96.88 \mathrm{~g} \cdot \mathrm{m}^{-2}$,其中鲜重的比重在 80% 以上,干枯重比重在 20% 以下;研究区不同地段和不同草地类型实测的生物量差异很大,范围在 $37.1 \sim 589.12 \mathrm{~g} \cdot \mathrm{m}^{-2}$,其中,沼泽化草甸的平均生物量最大,为 $356.84 \mathrm{~g} \cdot \mathrm{m}^{-2}$,其次是温性草原($64.48 \mathrm{~g} \cdot \mathrm{m}^{-2}$)和高寒草甸($61.61 \mathrm{~g} \cdot \mathrm{m}^{-2}$),高寒草原的平均生物量相对最低,为 $48.87 \mathrm{~g} \cdot \mathrm{m}^{-2}$。西藏自治区畜牧科学研究所在藏北地区开展的草地地上生物量研究表明[16],典型高寒草原和高寒草甸的地上生物量一般在 $50 \mathrm{~g} \cdot \mathrm{m}^{-2}$;Yang 等在藏北地区的研究结果表明[17,18],藏北高寒草甸的平均地上生物量为 $68.80 \mathrm{~g} \cdot \mathrm{m}^{-2}$,高寒草甸的生物量在 $50.10 \mathrm{~g} \cdot \mathrm{m}^{-2}$;西藏自治区第一次草地资源调查表明,本研究区内草地地上生物量一般在 $30 \sim 75 \mathrm{~g} \cdot \mathrm{m}^{-2}$[11]。这些结果都与本研究观测数据分析结果基本一致。

(2)基于 NDVI 植被指数的合成模型、生长型模型、指数函数模型、逻辑斯谛模型等 4 模型中的任何一个都适用于监测和估算藏北地区草地地上生物量和鲜草生物量,且 4 个模型的估算结果一致。由于植被光合作用时叶绿素的吸收而植被在红光波段低反射率和在近红外段较强的反射率这一绿色植被所特有的光谱响应特性,使得无论是 MODIS NDVI 还是 EVI,对绿色鲜草生物量的监测和估算效果要明显好于总地上生物量。

(3)藏北地区草地地上生物量和鲜重的空间分布特征表现为由东南向西北呈减少态势,东部和东南部个别地段的地上生物量和鲜重在 $100 \mathrm{~g} \cdot \mathrm{m}^{-2}$ 以上,到西北部减少到 $20 \mathrm{~g} \cdot \mathrm{m}^{-2}$ 以下;地上生物量在 $30 \sim 40 \mathrm{~g} \cdot \mathrm{m}^{-2}$ 所占比例最大,为总面积的 37.68%,而草地鲜重在 $20 \mathrm{~g} \cdot \mathrm{m}^{-2}$ 以下的面积最大,占研究区面积的三分之一以上,达 38.10%,鲜重在 $20 \sim 30 \mathrm{~g} \cdot \mathrm{m}^{-2}$

的面积为总面积的 33.43%。

参考文献

[1] Scurlock J M O, Hall D O. The global carbon sink: A grassland perspective[J]. *Global Change Biology*, 1998, **4**: 229-233.

[2] Fang J Y, Yang Y H, Ma W H, *et al*. Ecosystem carbon stocks and their changes in China's grasslands[J]. *Sci China (Life Sci)*, 2010, **53**: 757-765, doi: 10. 1007/s11427-010-4029-x.

[3] 中华人民共和国农业部畜牧兽医司. 中国草地资源[M]. 北京: 中国科学技术出版社, 1996.

[4] Bai Y F, Wu J G, Xing Q, *et al*. Primary production and rain use efficiency across a precipitation gradient on the Mongolia plateau[J]. *Ecology*, 2008, **89**: 2140-2153.

[5] 西藏自治区土地管理局, 西藏自治区畜牧. 西藏自治区草地资源[M]. 北京: 科学出版社, 1994.

[6] 甘肃草原生态研究所和西藏自治区那曲地区畜牧局. 西藏那曲地区草地畜牧业资源[M]. 兰州: 甘肃科学技术出版社, 1991.

[7] 刘淑珍, 周麟, 仇崇善, 等. 西藏自治区那曲地区草地退化沙化研究[M]. 拉萨: 西藏人民出版社, 1999.

[8] 高清竹, 李玉娥, 林而达, 等. 藏北地区草地退化的时空分布特征[J]. 地理学报, 2005, **60**(6): 965-973.

[9] 辛晓平, 张保辉, 李刚, 等. 1982—2003 年中国草地生物量时空格局变化研究[J]. 自然资源学报, 2009, **24**(9): 1582-1592.

[10] 干友民, 成平, 周纯兵. 等. 若尔盖亚高山草甸地上生物量与植被指数关系研究[J]. 自然资源学报, 2009, **24**(11): 1963-1972.

[11] 西藏自治区那曲地区畜牧局. 西藏那曲地区土地资源[M]. 北京: 中国农业科技出版社, 1992.

[12] 西藏自治区拉萨市农牧局. 西藏拉萨土地资源[M]. 北京: 中国农业科技出版社, 1991.

[13] 王正兴, 刘闯, Huete A. 植被指数研究进展: 从 AVHRR-NDVI 到 MODIS-EVI[J]. 生态学报, 2003, **23**(5): 979-986.

[14] 西藏自治区畜牧局和西藏自治区土地管理局编制. 1:20 万西藏自治区一江两河中部地区草地类型图[Z]. 1991.

[15] 西藏自治区土地管理局和畜牧局编制. 1:200 万西藏自治区草地类型图[Z]. 1991.

[16] 姬秋梅, Robeto Quiroz, Calos Leon-Velarde. 应用数字照相机研究西藏草地产草量[J]. 草地学报, 2008, **16**(1): 34-38.

[17] YANG Y H, Fang J Y, Pan Y D, *et al*. Aboveground biomass in Tibetan grasslands [J]. *Journal of Arid Environments*, 2009(73): 91-95.

[18] Gao Qingzhu, Li Yue, Wan Yunfan, *et al*. Dynamics of alpine grassland NPP and its response to climate change in Northern Tibet [J]. *Climatic Change*, 2009, (97): 515-528.

[19] 张仁华. 定量热红外遥感模型及地面实验基础[M]. 北京: 科学出版社, 2009.

Aboveground Biomass in the North Tibet and Estimate Model Using Remote Sensing Data

Abstract: Estimation of aboveground biomass(AGB)is necessary for studying productivity, carbon cycles, nutrient allocation, and fuel accumulation in terrestrial ecosystems. Remote sensing techniques allow scientists to examine properties and processes of ecosystems and their inter-annual variability at multiple scales since satellite observations can be obtained over large areas of interest with high re-visiting frequencies. In this chapter, AGB and its spatial distribution in the north Tibet are analyzed using in-situ measurements during August to September in 2004, and the regression models are established using in-situ AGB data and corresponding Terra MODIS NDVI and EVI. The results show that due to constraints of alpine climate, soil and moisture conditions the average AGB in the North Tibet is very low, with 96.88 $g \cdot m^{-2}$. Among total AGB, the dry matter content of fresh grass (hereafter referred to as the fresh AGB) is above 80% and the dry matter content of dead material is below 20%. There is a significant variation in AGB in different sampling sites and grassland types, ranging from 37.1 to 589.12 $g \cdot m^{-2}$. On an average, the largest biomass occurs in swamp meadow, with 356.84 $g \cdot m^{-2}$ of mean AGB, followed by temperate steppe(64.48 $g \cdot m^{-2}$) and alpine meadow(61.61 $g \cdot m^{-2}$); the lowest value occurs in alpine steppe(48.87 $g \cdot m^{-2}$). The optimum regression models for the north Tibet by using MODIS NDVI and EVI are compound, growth, exponent and power models, which can be used to estimate AGB and fresh AGB in the study area and 4 models have same performance. The efficiency of regression models based on MODIS NDVI or EVI for fresh AGB is better than for total AGB, which reflecting unique spectral response of green plant. At spatial level, both AGB and fresh AGB decrease from the southeast to the northwest in the study area, in which reaches above 100 g/m^2 in some southeastern regions and is lower than 20 $g \cdot m^{-2}$ in the northwestern region.

Keywords: aboveground biomass; grassland; remote sensing model; north Tibet

第5章 草地地上生物量与土壤湿度之间的关系

【摘　要】 本章以西藏高原中部为研究区,通过同步实测的草地地上生物量和土壤湿度数据,定量分析了两者之间的关系。结果表明:月均草地地上生物量与土壤湿度呈极显著的正相关关系,两者关系为指数关系($y = 28.861\mathrm{e}^{0.0226x}$);低地高寒沼泽化草甸的年均地上生物量还是土壤湿度和植被覆盖度都显著大于其他草地类型,其年均地上生物量在 $194 \sim 385\ \mathrm{g \cdot m^{-2}}$,土壤湿度 $72\% \sim 98\%$,植被覆盖度 $72\% \sim 100\%$;与自由放牧相比,围栏禁牧措施可以明显提高草原地上生物量和土壤湿度,是恢复退化草地和增加土壤含水量最有效的措施之一;在相近气候和环境条件下,大气降水、地下水和地形等综合作用下形成的局地土壤水分含量的大小直接决定了草地地上生物量的大小,是西藏高原中部植被生长、产量及分布的限制性因子。

【关键词】 草地地上生物量　土壤湿度　西藏高原中部

土壤水分是陆地植物赖以生存的基本条件,土壤水分的时空变化与植被的生长动态和分布有着密切的关系[1]。研究干旱半干旱区土壤水分和植被之间的相互影响对退化生态系统的恢复具有重要意义。土壤水分的变化是降水、冠层截留、植物蒸腾、土壤蒸发、地表径流、地下渗漏等多种因素综合作用的结果,在不同空间尺度上都具有高度的异质性[2]。在我国西部干旱和半干旱地区植被与水分关系的研究中,植被恢复与重建的关键性制约因子是水分,土壤水分条件直接关系到植被建设的成败与否[3]。不同植被类型的土壤具有不同的水分平衡关系,土壤湿度依赖于植被类型和土壤特性,但反过来是决定不同植被蒸散量的关键因素。生物量作为植被生态系统中积累的植物有机物总量,是整个生态系统运行的能量基础和营养物质来源;生物量的高低变化,既反映了不同植物群落利用自然的能力,也反映了植被—环境关系的空间差异性[4]。

植物在水热条件满足时才能进行光合作用,进而产生生物量。在其生长过程的不同时期,植物及土壤将保持不同的水热关系,这种关系与土壤温湿度的变化分不开,而植被的蒸散过程实际上主要受近地表层土壤温、湿度的影响[5]。虽然土壤水分在植被生长和生物量的大小起着非常重要的作用,且退化草地的恢复治理及植被恢复重建具有重要意义,在国内相关的研究报道相对较少。张春梅等研究了黄土丘陵区延河流域自然植被地上生物量的空间变化规律及其影响因素,并对自然植被与人工植被地上生物量及其土壤水分状况的变化进行了比较分析[4]。马晓东等研究了塔里木河下游土壤水分与植被时空变化特征[1]。邱开阳等对毛乌素沙地南缘沙漠化临界区域土壤水分和植被特征的空间分布格局及其相互关系进行了研究[6]。李英年等通过在中国科学院海北高寒草甸生态系统定位站高寒植物生长过程中不同时期对土壤温、湿度观测,分析探讨了高寒草甸土壤温湿度对植被盖度变化的反应[5]。

西藏高原是青藏高原的主体,其面积约占青藏高原的一半。草地生态系统是西藏高原分布面积最广的自然生态系统类型,是西藏畜牧业赖以生存和发展的物质基础,也是高原生态安全屏障的重要组成部分。由于受全球变暖及人类活动日益增强的影响,西藏高原的高寒草地生态系统出现了不同程度的退化,直接影响了该地区草地畜牧业的发展[8,9]。土壤水分作为影响草地生态系统生物量的重要因子,研究西藏高原草地地上生物量与土壤湿度之间的关系,对退化草地恢复治理具有重要的意义。对退化草地的恢复治理和重建措施之前,首先必须认识和了解影响区域或局地草地生物量的各种环境和气候因素,特别是对其限制性因素的了解,从而充分利用有利的环境因素,最大程度地避免或改善植被生长的限制性因素,寻求有效的治理和恢复退化草地的途径,最终实现草地植被的恢复重建和可持续利用。

为此,本章以西藏高原中部为研究区,通过同步实测的草地地上生物量和土壤湿度,定量分析了两者之间的关系,试图解释土壤湿度在草地地上生产力的作用,为退化草地的恢复重建和治理提供有效途径和科学依据。

5.1 材料与方法

5.1.1 研究区及采样点概况

草地地上生物量和土壤湿度野外采样点设置在西藏高原中部当雄县、墨竹工卡县和拉萨市周边(图 5.1)。该地区属于高原温带半干旱季风气候区,年平均温度在 $1.5 \sim 7.8\,^{\circ}\mathrm{C}$,分布特点是由南部雅鲁藏布江河谷和拉萨河谷向北部逐渐降低;年平均降水量在 $340 \sim 594\ \mathrm{mm}$,从东向西呈逐渐减少趋势。

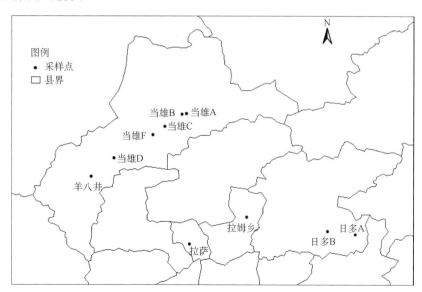

图 5.1 研究区草地地上生物量和土壤湿度观测点分布

Fig. 5.1 AGB and soil moisture sampling sites in the study area

表 5.1 给出了研究区 10 个草地地上生物量和土壤湿度采样点的草地类型、主要植被类型、经纬度及高程等信息,其中草地和植被类型数据源自 20 世纪 80 年代西藏自治区土地管理局和畜牧局编制的西藏自治区第一次草地资源普查成果 1∶200 万西藏自治区草地类型图和1∶20 万西藏自治区一江两河中部地区草地类型图。当雄 A 和当雄 F 属于低地高寒沼泽化草甸,有围栏网保护,用于春季放牧,其中当雄 A 位于当雄县城北侧 500 m 处,当雄 F 位于当雄谷地宽阔地段。日多 B 采样点位于研究区东部墨竹工卡县境内河谷,为低地高寒沼泽化草甸,但没有围栏网保护。采样点当雄 D 和日多 A 属于高山嵩草为建群种的典型天然高寒草甸草原类型,其中当雄 D 位于当雄谷地远离公路和人类活动影响小的山坡上,而日多 A 位于其东部 170 km 处的墨竹工卡县日多乡东面宽阔平坦地段。当雄 C 采样点则位于当雄谷地青藏公路西侧,附近有青藏铁路穿过,为高寒草甸类型,但是相对于日多 A 和当雄 D 两个同类型草地相比,这里的人类活动影响较多,所以代表性较日多 A 和当雄 D 差。当雄 B 和羊八井采样点是紫花针茅为建群种的典型天然高寒草原草地,伴有小莎草,都位于当雄谷地,两者相距近80 km。拉木乡和拉萨采样点位于拉萨河谷南面相对平缓的山麓冲积扇上,属藏白蒿为建群种的西藏高原中部典型温性草原类型。

表 5.1 西藏中部草地地上生物量和土壤湿度采样点

Table 5.1 AGB and soil moisture sampling sites in the central Tibet

观测点	经度(°E)	纬度(°N)	高程(m)	草地类型	植被类型	草地类型数据源
日多 A	92.2927	29.6908	4418	高寒草甸	高山嵩草	西藏一江两河草地类型图①
日多 B	92.0968	29.7099	4150	低地高寒沼泽化灌丛草甸	小叶金露梅(杜鹃)、高山嵩草	西藏一江两河草地类型图
拉姆乡	91.5444	29.8043	3720	温性干草原	藏白蒿、藏黄芪、紫花针茅	西藏一江两河草地类型图
拉萨	91.1452	29.6251	3693	温性干草原	藏白蒿、白草	西藏一江两河草地类型图
当雄 A	91.1257	30.4975	4233	低地高寒沼泽化草甸	藏北嵩草	西藏自治区草地类型图②
当雄 B	91.0959	30.4948	4249	高寒草原	紫花针茅、小莎草	西藏自治区草地类型图
当雄 C	90.9724	30.4127	4216	高寒草甸	高山嵩草、圆穗蓼	西藏自治区草地类型图
当雄 D	90.6275	30.2000	4590	高寒草甸	高山嵩草	西藏自治区草地类型图
当雄 F	90.8933	30.3574	4236	低地高寒沼泽化草甸	高山嵩草	西藏自治区草地类型图
羊八井	90.4720	30.0761	4300	高寒草原	紫花针茅、小莎草	西藏自治区草地类型图

注:①西藏自治区土地管理局和畜牧局编制,1∶200 万西藏自治区草地类型图。

②西藏自治区畜牧局和西藏自治区土地管理局编制(1991 年 8 月),1∶20 万西藏自治区一江两河中部地区草地类型图。

5.1.2 研究方法

5.1.2.1 地上生物量的测定

10 个采样点设置在草地植被空间分布比较均一的地方。除了当雄 F 采样点,2004 年 1—

12 月对其他 9 个采样点用收割样方称重法开展了每月 15 日和 30 日前后 3 d 内两次的草地地上生物量(aboveground biomass,AGB)采样工作(AGB 采样方法详见本书第 1 章)。当雄 F 的生物量和土壤湿度观测开始于 2004 年 9 月下旬。每次采样有 50 cm×50 cm 的 3 个小样方,同时记录了采样点的 GPS 数据、高程、土地利用类型等。

5.1.2.2　土壤湿度观测

2004 年在研究区采集每月 2 次的草地地上生物量的同时,同步观测了采样点的 5 cm 深度的土壤湿度。每个采样点采集了三个样品,其平均值作为一个观测点的土壤湿度。土壤湿度观测方法采用了烘干称重法来获得土壤体积含水量,即土壤重量含水率,是由土壤含水量占干土重的百分比来表示,其公式如下:

$$w = (a-b)/(b-c) \times 100\% \tag{5-1}$$

式中:w 为土壤重量含水率(%)表示的土壤湿度,a 代表盒与湿土共重(g),b 代表盒与干土共重(g),c 代表盒重(g)。

5.2　结果与分析

5.2.1　年均生物量分布特点

采样点当雄 A、日多 B 和当雄 F 都属低地高寒沼泽化草甸,其中当雄 A 和当雄 F 两个点有围栏网,日多 B 没有围栏网,伴有灌丛植被。由于较好的水源条件,草地生物量较其他的草地类型大 2~10 倍(表 5.2),其中,有围栏网的当雄 A 观测点的地上生物量和土壤湿度均在所有采样点中最大,分别为 384.45 g·m^{-2} 和 97.2%,植被覆盖度接近 100%,其草地地上生物量是温性草原类草地生物量的 4~8 倍,高寒草甸和高寒草原类草地的 10~15 倍;其次是无围网的日多 B 观测点,年均地上生物量为 222.35 g·m^{-2},比有围网的明显低,仅为其 58% 左右,但是,与其他类型草地相比高出许多,是温性草原的 3~5 倍,高寒草甸和高寒草原生物量的 6~9 倍,其土壤湿度也位居第二,达 80.1%,植被覆盖度接近 95%。

其他草地类型除了高寒草甸草原日多 A 和当雄 D 点之外,平均土壤湿度都较低,都小于 10%。从生物量来讲,除了低地高寒沼泽化草甸之外,拉萨河谷温性草原的产量相对较高,年平均为 64.21 g·m^{-2},拉萨和拉木乡两个采样点的年均地上生物量分别为 80.56 g·m^{-2} 和 46.88 g·m^{-2}。这表明,位于拉萨河南岸的采样点由于城市化进程使得人类对草地的利用较农牧区小,其草地的产量相对保持在较高的水平,将近为同类型草地拉木乡采样点的 2 倍。当雄 B 点和羊八井采样点为以紫花针茅为建群种的典型高寒草原草地,年均草地生物量较低,分别为 25.18 g·m^{-2} 和 28.30 g·m^{-2},其平均覆盖度亦较低,在 24%~36%,为各草地类型中最低。该草地类型的土壤湿度都较低,一般在 8% 左右。从高寒草甸类型来看,研究区东西部之间存在较大的差距。东部地区的高寒草甸无论从生物量、覆盖度和土壤湿度来看,都明显高于西部。东部采样点日多 A 的年均生物量达 35.97 g·m^{-2},而西部的当雄 D 采样点只有 26.24 g·m^{-2},与所有草地类型中生物量最低的采样点当雄 B 相差不大。同样,西部当雄 D 的土壤湿度大约为东部日多 A 的三分之一,其植被覆盖度也明显小于东部地区,基本上相差一倍左右。表 5.2 给出了 10 个采样点年平均生物量、土壤湿度和植被覆盖度。

表 5.2　2004 年 10 个采样点年平均生物量、土壤湿度和覆盖度

Table 5.2　Annual mean AGB, soil moisture and vegetation coverage in 10 sample sites in 2004

采样点	土壤重量含水率(%)	平均覆盖度(%)	鲜重(g·m⁻²)	干枯重(g·m⁻²)	总地上生物量(g·m⁻²)
当雄 A	97.2	99.8	157.92	224.43	384.45
日多 B	80.1	94.5	85.73	138.69	222.35
当雄 F	72.6	91.7	52.0	142.58	194.63
拉萨	9.7	62.6	29.23	52.32	80.56
拉木乡	7.6	49.6	15.78	31.10	46.88
当雄 C	8.3	57.8	18.00	29.93	47.92
当雄 B	8.6	24.4	15.33	11.92	25.18
羊八井	8.9	35.4	13.48	15.81	28.30
日多 A	34.0	79.7	14.69	21.19	35.97
当雄 D	11.4	45.0	14.41	12.98	26.24

5.2.2　月均生物量与土壤湿度之间的关系

以 10 个采样点月平均草地地上生物量为因变量,土壤湿度为自变量进行回归相关分析。结果表明,两者关系呈指数关系(图 5.2),表达式为 $y = 28.861e^{0.0226x}$ ($R^2 = 0.6306, N = 108$),通过了 $P < 0.001$ 的显著性检验。同样,月均干枯重与土壤湿度之间的关系为 $y = 14.804e^{0.0217x}$ ($R^2 = 0.3828, N = 108$),虽然其相关系数远小于前者(图 5.3),但是由于样本数量较大($N = 108$),也通过了 $P < 0.001$ 的显著性检验。这表明,无论是月均总生物量还是干枯部分生物量,土壤湿度与草地地上生物量呈极为显著的正相关关系。

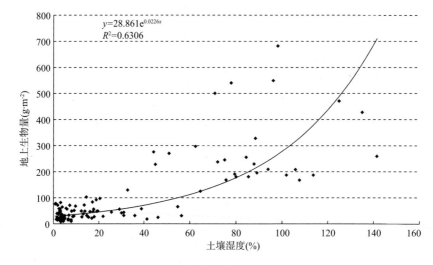

图 5.2　月均生物量与土壤水分之间的关系

Fig. 5.2　Relationship between monthly mean AGB and soil moisture

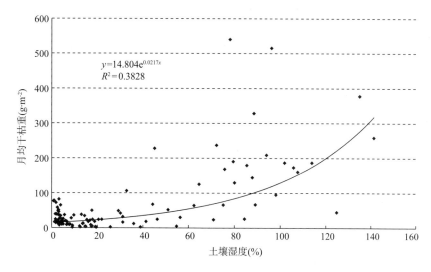

图 5.3   月均干枯重与土壤水分之间的关系

Fig.5.3   Relationship between monthly mean dry matter of AGB and soil moisture

此外,研究区面积较小,面积仅为 3 万多 km²,属于高原温带半干旱季风气候区,东部的降水多于西部,东部墨竹工卡的多年年降水量为 536.9 mm,中部拉萨地区为 428.9 mm,到当雄附近降水量为 468.9 mm;该地区年平均温度在 1.5～7.8℃,分布特点是由南部雅鲁藏布江河谷和拉萨河谷向北部逐渐降低,其中,位于中部河谷的拉萨地区较高,为 7.6℃,其次是东部的墨竹工卡,为 5.5℃,西部的羊八井和当雄相对较低,分别为 2.7℃ 和 1.5℃。可见,虽然研究区降水空间分布总体上呈从东向西逐渐减少和温度由南向北递减的趋势,但不管是降水量还是气温,影响草地地上生物量的两个主要气象因素在研究区内各观测点的差异并不显著。然而,地上生物量存在显著的差异(表 5.2)。三个低地高寒沼泽化草甸的生物量在 194～383 g·m⁻²,土壤湿度在 72%～98%,植被覆盖度在 72% 以上,均显著大于其他类型的草地。当雄 F 点的地面观测始于 2004 年 9 月下旬,缺少夏季草地植被生长旺季时的地上生物量数据,但是其 5个观测时次的平均生物量也达到了 194.63 g·m⁻²。由于地处当雄谷地开阔的沼泽化地段,土壤湿度也保持在很高的状态,达 91.7%。除了高寒沼泽化草甸,位于海拔 4400 m 以上的高寒草甸草地类型日多 A 和当雄 D 的土壤湿度相对较大,分别为 34.0% 和 11.4%。高寒草甸是在气候寒冷而湿润条件下生长的,分布海拔较高,在西藏中部一般在海拔 4300 m 以上地带,生长环境气温低、蒸发力弱、雨量适中,因而平均土壤湿度较高寒草原和温性草原草地类型高。

其他采样点都位于海拔低于 4300 mm 的拉萨河和当雄谷地,它们的年均土壤湿度都在 8% 左右,相差不大。但是从地上生物量大小来看,由于温性草原相比其他类型草原具有很强的空间异质性,常伴有灌木等植被,所以其生物量大于高寒草原和高寒草甸,而高寒草原和高寒草甸地上生物量相差不是很大。由于地处低洼、排水不畅、常年积水,土壤湿度常年处于饱和或超饱和状态,使得低地高寒沼泽化草甸地上生物量都很高。而其他类型的草地,除了大气降水之外,没有水源补给和长期积水的地形条件,使得平均土壤湿度较低,除了高寒草甸之外,都在 10% 以下。由此可见,在相近气候和环境条件下,局地土壤水分含量的大小直接决定了草地地上生物量的大小,是西藏高原中部限制植被分布、生长和产量的关键因素。付刚等的研究也表明,藏北地上生物量与土壤含水量呈极显著的正相关关系[10]。其他学者在研究国内其他地区草原水分状况与植物生物量关系时也得出了类似的结论[11-13]。可见,西藏高原中部这样半干旱气候条件下,如果四季都有充沛水源供应,如在地下水溢出的地段或洼地,草地地上生物量也可以达到很高的水平。以上的分析同样可以得出,与自由放牧相比,围栏禁牧措施可以明显提高草原地上生物量和土壤湿度,是恢复退化草地和增加土壤含水率最普遍和有效的措施之一。

5.2.3 年均生物量与土壤湿度、覆盖度之间的关系

在分析月均草地地上生物量与土壤湿度之间关系的基础上,对年均数据做了进一步分析。年均土壤含水量与草地地上生物量呈线性关系,关系式为 $y=3.1475x+3.2442$,$R^2=0.8727$(图5.4);与鲜重呈指数关系,关系式为 $y=12.745e^{0.0228x}$,$R^2=0.8556$(图5.5);与干枯重量表现为线性关系,$y=1.9691x+1.4606$,$R^2=0.8944$(图5.6)。这些相关系数都通过了 $P<0.001$ 的显著性检验,这表明,西藏高原中部的草地植被地上生物量与土壤湿度关系呈极显著的正相关关系,即土

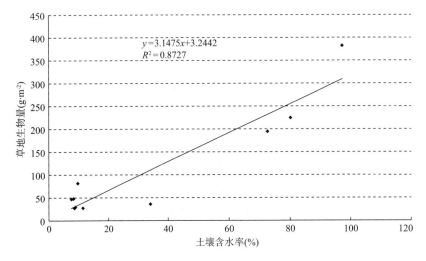

图 5.4　年均草地生物量与土壤湿度之间的关系

Fig. 5. 4　Relationship between annual mean AGB and soil moisture

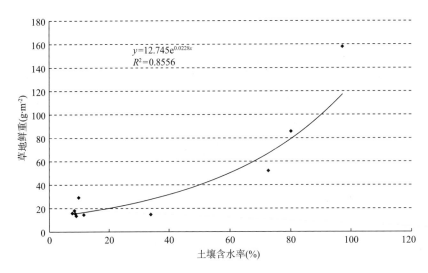

图 5.5　年均草地鲜重与土壤湿度之间的关系

Fig. 5. 5　Relationship between annual mean fresh dry matter of AGB and soil moisture

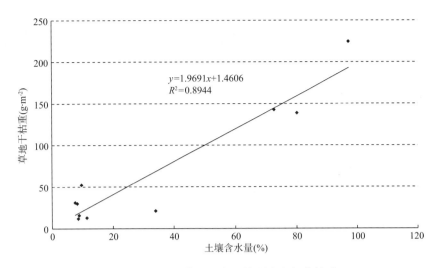

图 5.6 年均干枯重量与土壤湿度之间的关系

Fig. 5.6 Relationship between annual mean dead dry matter of AGB and soil moisture

壤湿度越大，植被的生物量也越大，反之亦然。土壤湿度是决定草地地上生物量的关键要素。

此外，植被覆盖度是指观测区域内植被垂直投影面积占地表面积的百分比[14]，是植被生长过程和生物量累积过程中的重要参数之一，也是描述生态系统特征的基础数据。草地植被覆盖度的变化不仅可以反映牧草长势动态，也可以表明草地生态环境及其退化和土壤湿度等环境要素的综合变化状况。为了刻画研究区草地植被地上生物量与覆盖度之间的关系，2004年在研究区开展草地地上生物量和土壤湿度观测的同时，用数码相机和目视判读相结合的方法获得了不同观测点的植被覆盖度，观测的年均植被覆盖度见表 5.2。

年均草地地上生物量与植被覆盖度之间呈指数关系，表达式为 $y = 8.5891e^{0.0325x}$（$R^2 = 0.7652, P < 0.001$）。两者的关系表现为极显著的正相关，即草地生物量随植被覆盖度的增加而增加（图 5.7）。同样，草地鲜重是地上鲜草干物质总重，与覆盖度之间呈指数关系（图 5.8），

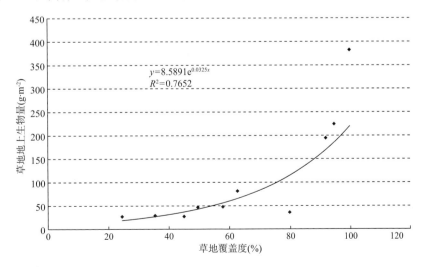

图 5.7 年均草地地上生物量与植被覆盖度之间的关系

Fig. 5.7 Relationship between annual mean AGB and vegetation coverage

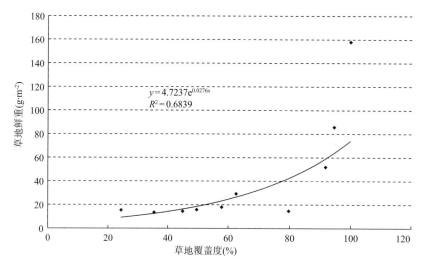

图 5.8 年均草地鲜重与植被覆盖度之间的关系

Fig. 5. 8 Relationship between annual mean fresh dry matter of AGB and vegetation coverage

表达式为 $y=4.7237\mathrm{e}^{0.0276x}$($R^2=0.6839$,$P<0.01$);草地干枯重是草地地上生物量减去草地鲜重部分,与覆盖度之间也呈指数关系,表达式为 $y=3.9368\mathrm{e}^{0.0363x}$($R^2=0.7918$,$P<0.01$),见图 5.9。可见,无论是草地地上总生物量,还是鲜重和干枯重,与覆盖度之间均存在显著的正相关关系,即植被的覆盖度越大,其地上生物量就越大。

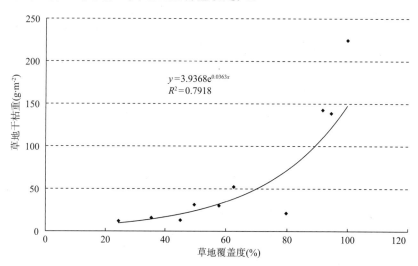

图 5.9 年均草地干枯重与植被覆盖度之间的关系

Fig. 5. 9 Relationship between annual mean dead dry matter of AGB and vegetation coverage

5.3 结论与讨论

根据西藏高原中部不同草地类型的年均和月均草地地上生物量与土壤湿度及植被覆盖度的对比分析和相关关系研究,得出的主要结论有如下几点。

(1)月均和年均草地地上生物量与土壤湿度呈极显著的正相关关系,在月均尺度上,两者关系为指数关系,可以用指数函数 $y=28.861\mathrm{e}^{0.0226x}$ 来表示。

(2)无论是草地地上生物量还是土壤湿度和植被覆盖度,低地高寒沼泽化草甸的值最大,年均生物量在 $194\sim385\ \mathrm{g\cdot m^{-2}}$,土壤湿度在 72%~98%,植被覆盖度 72%以上,均显著大于其他类型的草地。与自由放牧相比,围栏禁牧措施可以明显提高草原地上生物量和土壤水分,是改良高原中部退化草地和增加土壤含水量最有效的措施之一。其他除了高寒草甸草原年均土壤湿度在 11%以上之外,平均土壤湿度都较低,且相差不大,在 8%左右。高寒草原和高寒草甸年均地上生物量差异不显著,由于温性草原相比其他类型草原具有很强的空间异质性,常伴有灌木等植被,使得其地上生物量明显大于这两个草地类型。

(3)在相近气候和环境条件下,局地土壤水分含量的大小直接决定了草地地上生物量的大小,是西藏高原中部限制植被分布、生长及其产量的关键因素。大气降水、地下水和地形等综合作用下形成的土壤水分是影响高原中部草地地上生物量的限制性因子。西藏高原中部属于半干旱气候类型,如果四季都有充沛的水源供应,草地地上生物量也可以达到很高的水平。植被覆盖度作为植被生长过程和生物量物质累积过程中的重要参数之一,与草地地上生物量之间存在显著正相关,即草地地上生物量随植被覆盖度的增加而增加。

参考文献

[1] 马晓东,李卫红,朱成刚,等.塔里木河下游土壤水分与植被时空变化特征[J].生态学报,2010,**30**(15):4035-4045.

[2] Chen Y N,Pang Z H,Chen Y P,*et al*. Response of riparian vegetation to water-table changes in the lower reaches of Tarim River,Xinjiang Uygur,China [J]. *Hydrogeology Journal*,2008,**16**(7):1371-1379.

[3] Rodriguez-Iturbe I. Ecohydrology:A hydrological perspective of climate soil vegetation dynamics [J]. *Water Resources Research*,2000,**36**(1):3-9.

[4] 张春梅,焦峰,温仲明,等.延河流域自然与人工植被地上生物量差异及其土壤水分效应的比较[J].西北农林科技大学学报(自然科学版),2011,**39**(4):132-146.

[5] 李英年,张法伟,刘安花,等.矮嵩草草甸土壤温湿度对植被盖度变化的响应[J].中国农业气象,2006,**27**(4):265-268.

[6] 邱开阳,谢应忠,许冬梅,等.毛乌素沙地南缘沙漠化临界区域土壤水分和植被空间格局[J].生态学报,2011,**31**(10):2697-2707.

[7] 西藏自治区土地管理局,西藏自治区畜牧局.西藏自治区草地资源[M].北京:科学出版社,1994.

[8] 刘淑珍,周麟,仇崇善,等.西藏自治区那曲地区草地退化沙化研究[M].拉萨:西藏人民出版社,1999.

[9] Cui X F,Graf H F. Recent land cover changes on the Tibetan Plateau:A review[J]. *Climatic Change*,2009,**94**:47-61.

[10] 付刚,周宇庭,沈振西,等.藏北高原高寒草甸地上生物量与气候因子的关系[J].中国草地学报,2011,**33**(4):31-36.

[11] 黄德青,于兰,张耀生,等.祁连山北坡天然草地地上生物量及其与土壤水分关系的比较研究[J].草业学报,2011,**20**(3):20-27.

[12] 马文红,杨元合,贺金生,等.内蒙古温带草地生物量及其与环境因子的关系[J].中国科学(C辑):生命科学,2008,**38**(1):84-92.

[13] 李绍良.草原土壤水分状况与植物生物量关系的初步研究[A].见:中国科学院内蒙古草原生态系统定位站.草原生态系统研究(第一集)[C].北京:科学出版社,1985:195-202.

[14] 除多,次仁多吉,王彩云,姬秋梅,德央.利用 MODIS 估算西藏高原地表植被覆盖度[J].遥感技术与应用,2010,**25**(5):707-713.

[15] 张仁华.定量热红外遥感模型及地面实验基础[M].北京:科学出版社,2009.

The Study on Soil Moisture Role in the Grassland Aboveground Biomass in the Central Tibet

Abstract: In the semiarid climate region, soil moisture content plays a vital role in the grassland productivity. However, few studies have been reported on the relationship between biomass and environmental factors, particularly between soil moisture in the central Tibet. In this chapter, the quantitative relationships between aboveground biomass (AGB) and soil moisture based on the in-situ measurements from 10 sampling sites carried out in 2004 in the central Tibet as typical semiarid climate region are analyzed. the results show that there is a significant positive correlation between AGB and soil moisture at monthly mean level, which can be represented by exponential curve fitting of $y=28.861e^{0.0226x}$ ($R=0.7941, P<0.001, N=108$); in four grassland types(alpine meadow, alpine steppe, temperate steppe and alpine swamp meadow), the swamp meadow has the highest AGB with annual mean AGB from 194 to 385 g • m^{-2}, the highest soil moisture from 72% to 98% and vegetation coverage from 72% to 100%; compared with free choice grazing, enclosure obviously increases AGB and soil moisture, which is one of the most effective approaches to improve degraded grassland and soil moisture content in the semiarid climate region. Under similar climate and environmental conditions, the local soil moisture availability which is determined by atmospheric precipitation, groundwater and topography etc, such as the key to constrain the grassland productivity in the semiarid region. The study suggests that the soil moisture content is the key control for the grassland productivity in the central Tibet and the grassland AGB will reaches a high level if the four seasons have abundant water supply in this region.

Keywords: aboveground biomass; grassland; soil moisture; central Tibet

第6章　地表植被覆盖度估算方法

【摘　要】　根据2004年9月13—14日在西藏高原中部地面观测的植被覆盖度和同期接收的 EOS/MODIS 数据,分别建立了 250 m 分辨率归一化植被指数(NDVI)、土壤调节植被指数(SAVI)与地面观测的植被覆盖度之间的相关关系,并以西藏高原中部和整个西藏高原作为两个试验区,选择典型植被类型,验证了 Carlson 和 Ripley 植被覆盖度算法的精度。结果表明,地面观测的植被覆盖度与植被指数之间呈线性关系。其中,地面观测值与 NDVI 的相关系数 $R^2 = 0.90$;与 SAVI 的相关系数为 $R^2 = 0.89$;Carlson 和 Ripley 算法适合于中等植被覆盖度的草地植被。

【关键词】　植被覆盖度　MODIS　西藏高原

植被作为陆地生态系统的主要组分,是生态系统存在的基础,也是联结土壤、大气和水分的自然"纽带",它在陆地表面的能量交换过程、生物地球化学循环过程和水文循环过程中扮演着重要的角色,在全球变化研究中起着"指示器"的作用。为了加强对环境过程的了解,必须对地表的生物和物理特征进行测量,将这些测量值提供给气候、水文、气象、生态和其他模型[1,2]。主要描述地表植被的生物物理参数有植被类型、植被覆盖度、生物量(biomass)、叶面积指数(leaf area index)、反照率(albedo)、粗糙度等[3-5]。其中,植被覆盖度是指观测区域内植被垂直投影面积占地表面积的百分比,是刻画陆地表面数量的一个重要参数,也是指示生态系统变化的重要指标。在考察地表植被蒸腾和土壤水分蒸发损失总量、光合作用的过程时,植被盖度都是作为一个重要的控制因子而存在的。植被盖度也是影响沉积物侵蚀和增长机理的重要因子。而大面积草地植被盖度的测量对于干旱半干旱地区的畜牧业生产、沙漠化监测的意义也很重大,它是评估草地状况、土地退化和沙漠化的有效指数。在全球和区域土地覆被变化监测的很多研究中都要用到定量化的植被盖度信息[1,2,6]。

目前测量植被覆盖度方法有两种:一种是传统的地面观测方法,另一种是基于植被指数的遥感反演方法。由于植被覆盖度具有显著的时空分异特性,因而,遥感已成为估算植被覆盖度的主要技术手段。利用数码相机测量植被覆盖度是近年来逐渐被人们所认可的一种新方法。它具有廉价、高效、高质量、快速等特点。利用数码相机的近红外信息可以很容易地辨别出土壤和植被[2]。Michael 等[7]利用数码相机测量了美国新墨西哥州的半干旱生态系统灌木草地的植被覆盖度,研究证明,利用数码相机测量半干旱生态系统的地表植被覆盖度是可靠而有效的。Zhou 等[8]采用目视估测、样带法及照相法等多种地表实测方法,估测了澳大利亚半干旱草地的植被覆盖度,研究证明,不同的地面测量方法得到的结果差异较大,测量的区域较大时更是如此。数码相机的方法与其他地表实测方法相比,测量精度最高,尤其当测量区域的植被覆盖度较低时,数码相机的优势更明显。

本章通过数码相机结合目视判读的地面观测方法,并利用与地面观测同步的 MODIS/Terra 遥感数据获得的植被指数,初步建立了西藏高原 MODIS 卫星遥感估算植被覆盖度模型。

6.1 研究区域概况

本章研究区域为西藏高原,其范围与西藏自治区行政区一致。分布范围 $26°52'\sim36°32'$N,$78°24'\sim99°06'$E。南北最长约 1000 km,东西最宽达 2000 km。高原总土地面积为 120 多万 km²,约占全国总面积的 12.5%。

西藏高原是青藏高原的主体,也是世界上最高的高原。地形特点是北起昆仑山,南至冈底斯山。念青唐古拉山以北为广阔的藏北高原,即羌塘高原,往南则是以雅鲁藏布江干支流为主的藏南谷地;高原东南侧紧密排列着南北向的高山峡谷。西藏高原以辽阔的高原作基础,高原面是低山、丘陵和宽谷盆地的共同组合体。总的地势由西北向东南倾斜,海拔从平均5000 m以上渐次递降至 4000 m 左右。

西藏地貌大致可分为喜马拉雅高山区,藏南山原湖盆谷地区,藏北高原湖盆区和藏东高山峡谷区。主要气候特点是空气稀薄、平均气压低、氧气含量低、日照强烈且日照时数长,太阳辐射强烈,平均温度低、温度的日较差大、干湿季分明。西藏高原从东南部到西北部有许多不同的气候区,即由热带湿润气候区、温带湿润气候区、温带干旱气候区逐渐过渡到高原西北部的高原寒带干旱气候区。由于气候和地形的影响,地表植被从东南部向西北部呈带状分布,植被的总体分布特点依次是热带常绿雨林、落叶林、混交林、灌丛、草地到高寒荒漠。

6.2 数据源

6.2.1 地面观测数据

2004 年 9 月 13—14 日在西藏高原中部拉萨地区选择了 9 个采样点,对 9 个采样点进行了地面观测,每个采样点采集了 3 个样品。采样内容有植被覆盖度、草地生物量和土壤湿度以及采样点的位置信息。利用数码相机拍摄和目视判读的方法得到了每个采样点 3 个样品的植被覆盖度。此外,2004 年 9 月 15 日西藏自治区畜牧科学研究所对拉萨地区林周县牦牛选育场附近的天然草地植被开展了草地植被覆盖度和生物量观测,本章也利用了该观测数据。

6.2.2 遥感数据

MODIS(moderate resolution imaging spectroradiometer)是美国国家航空航天局 NASA 地球观测系统计划中的新一代"图谱合一"光学遥感仪器。它分别搭载在 1998 年 12 月 18 日发射的 Terra 卫星和 2002 年 5 月 4 日发射的 Aqua 卫星上，用于对陆表、生物圈、固态地球、大气和海洋进行长期的全球观测。与其他遥感数据相比，MODIS 数据具有空间和光谱分辨率高、回访周期短、时间分辨率较高、数据全球免费接收和较强的数据纠错等优点。

西藏高原大气环境科学研究所从 2002 年开始接收 MODIS 遥感数据。2004 年 9 月 13 日和 14 日两景 MODIS/Terra 图像除了西藏高原东南部边境的喜马拉雅山脉有极少量云之外，整个高原为晴空，且传感器的仰角较大，卫星运行轨迹相对于高原位置比较正，基本覆盖了大部分高原，加上 9 月中旬高原上植被生长良好，有利于植被的监测。9 月 13—15 日正好有地面观测数据。所以，本章采用了 2004 年 9 月 13 日和 14 日晴空无云的 MODIS/Terra 合成图像数据（彩图 3）。

MODIS 遥感数据的处理过程为：首先利用北京星地通公司开发的 EOSHOP MODIS 图像处理软件由 MODIS 原始 pds 格式文件生成了 hdf 格式的 MODIS 1B 数据，再对 1B 数据进行辐射订正、投影变换、几何纠正等预处理后生成了 ldf 格式文件。星地通 MODIS 图像处理软件对 1B 数据几何纠正时根据星历表法在地理定标的同时消除了 MODIS 图像的"双眼皮"现象。

国内外植被和陆地生态系统监测中最为常用的是 MODIS 波段 1（$0.62 \sim 0.67\ \mu m$）和波段 2（$0.841 \sim 0.876\ \mu m$），特别是这两个波段运算后的归一化植被指数 NDVI 是这些研究中的关键变量。所生成的 MODIS 局地 ldf 文件中包含了 MODIS 第 1 波段和第 2 波段 250 m 分辨率的数据，两者图像值为反射率。

6.3　方法与分析

6.3.1　基于 NDVI 的植被覆盖度计算

植被指数（vegetation index）是指从多光谱遥感数据中提取的有关地球表面植被状况的定量数值。通常是用红波段（R）和近红外波段（NIR）通过数学运算进行线性或非线性组合得到的数值，用以表征地表植被的数量分配和质量情况。常用的植被指数有很多种，其中 $NDVI$ 目前被广泛应用于植被盖度的定量研究，其计算公式如下：

$$NDVI = (NIR - R)/(NIR + R) \tag{6-1}$$

式中：R 和 NIR 分别为红波段和近红外波段的反射率。

根据每个采样点 3 个样品的覆盖度进行平均后获得了 10 个采样点的植被覆盖度值。之后，由 13 日和 14 日 EOS/MODIS 第一个（红光）和第二个（近红外）波段计算了归一化植被指数 NDVI。根据 10 个采样点采集的 GPS 定位数据在图像处理软件 ENVI 4.1 中读取了每个观测点对应的 MODIS NDVI 值，并与实际观测到的植被覆盖度之间建立了相关关系。两者呈线性相关，$Coverage_{NDVI} = 205.03 \times NDVI - 18.665$，$R^2 = 0.90$（图 6.1）。

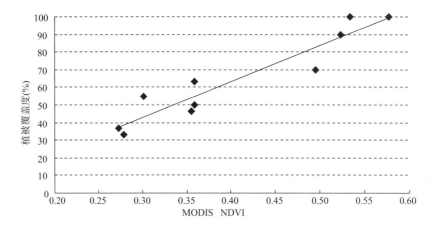

图 6.1　EOS/MODIS NDVI 与地面观测的植被覆盖度之间的关系

Fig. 6.1　The relationship between EOS/MODIS NDVI and ground truth data

6.3.2　SAVI 的植被覆盖度计算

遥感反演的植被特征参数除了受到植被本身的种类、结构特征及太阳天顶角和大气的影响之外,土壤背景的反射特征一直是影响植被反射波谱特征的重要因素。由 NDVI 反演植被覆盖度时,NDVI 对土壤背景变化较为敏感,当植被覆盖度小于 15% 时,数值高于裸土的 NDVI值;当植被覆盖度在 25%～80% 时 NDVI 呈线性增加;当植被覆盖度大于 80% 时,NDVI对植被监测的灵敏度下降[9]。

为了降低土壤背景对植被监测的影响,先后提出了不同的土壤调节植被指数。Huete[10]提出了土壤调节植被指数 SAVI(soil adjusted vegetation index),其表达式为:

$$SAVI = \frac{(NIR - R)}{(NIR + R + L)} \times (1 + L)\tag{6-2}$$

式中:L 为土壤校正因子,其范围在 0.0～1.0,当 $L=0.0$ 时反映高植被覆盖度,当 $L=1.0$ 反映低的植被覆盖度。考虑到西藏高原从东南部到西北部植被类型丰富多样,从低到高的植被覆盖度都存在,所以土壤校正因子取值为 0.5。

研究区内实际野外观测的植被覆盖度与 SAVI 呈线性相关,表达式为 $Coverage_{SAVI} = 136.97 \times SAVI - 19.034$,$R^2 = 0.89$(图 6.2)。其相关系数略低于由 NDVI 估算的植被覆盖度。

从前面的相关系数来看,NDVI 模型略好于 SAVI 模型。由于 NDVI 计算方式简单,其效果也较好于 SAVI,在本章研究中采用了该方法。其他的科学家利用 SPOT 5 HRG 图像的 NDVI、SAVI 等植被指数与地面实测的植被覆盖度建立关系时发现,NDVI 模型优于 SAVI 等其他植被指数[11];利用 ASTER 获取植被信息时同样发现,NDVI 整体上较好地反映了不同土地覆盖信息,而 SAVI 对于各种地类的值域较宽,反映绿色植被内部差异信息较明显,可为不同植被类型的信息提取提供方法参考[12]。

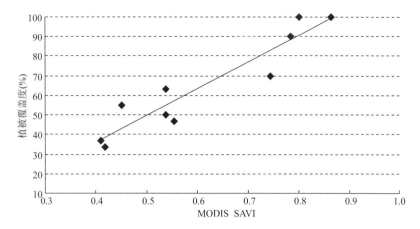

图 6.2 EOS/MODIS SAVI 与地面观测的植被覆盖度之间的关系

Fig. 6.2 The relationship between EOS/MODIS SAVI and ground truth data

6.3.3 西藏高原植被覆盖度分布

由于 MODIS NDVI 与地面观测之间的相关性最好,用 $Coverage\_{NDVI} = 205.03 \times NDVI -$ 18.665 公式来计算整个西藏高原 250 m 分辨率的植被覆盖度分布,见彩图 4 和图 6.3。西藏高原植被覆盖度分布特点是,覆盖度在 1%～10% 时所占的面积比例最大,为 35.36%,主要分布在西藏高原西北部阿里大部分地区和那曲地区北部昆仑山脉附近,此外,整个高原的高山冰雪下面地段的植被覆盖度也在 1%～10%。其次,面积占较大比例的植被覆盖度为 10%～20%,主要分布在那曲地区中部色林错以北地区,以及阿里地区中部和南部部分区域,另外,喜马拉雅山脉以北雨影地区也有较大的分布。其他的植被覆盖度所占的面积都较小,所占面积比例一般都在 10% 以下。植被覆盖度为 100% 的面积为 122 538.88 km², 占整个高原面积的 10.72%,主要分布在高原东南部森林植被分布区林芝地区,以及昌都地区东部和那曲地区的东部森林和灌木植被分布地区。此外,喜马拉雅山脉南坡的森林植被的覆盖度也为 100%。植被覆盖度在 60% 以上的各分段所占面积较小,一般都不到总面积的 3%。整体来看,西藏高原的植被覆盖度较低,覆盖度低于 20% 的所占面积在 50% 以上。西藏高原植被覆

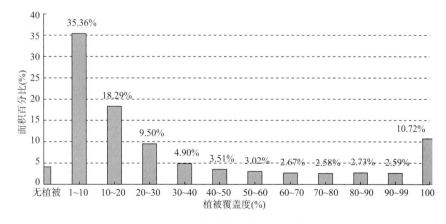

图 6.3 EOS/MODIS 估算的西藏高原植被覆盖度分布

Fig. 6.3 The vegetation coverage over Tibetan Plateau based on MODIS data

盖度总体分布特点是从东南部到西北部逐渐降低,在高原内部高山植被分布特点是从山底到山顶逐渐减少。

6.3.4 Carlson 和 Ripley 算法的验证

有研究表明,植被盖度与 NDVI 之间存在着极显著的线性相关关系[13]。在遥感监测植被盖度中,通常利用植被盖度与 NDVI 之间关系估算区域植被盖度[14]。许多学者提出了直接由植被指数来反演植被覆盖度的方法[15-17],其中,Carlson 和 Ripley 算法[14,18]最为常用。其计算公式如下:

$$Coverage(x,y) = \left[\frac{I_{NDVI}(x,y) - I_{NDVI,\min}}{I_{NDVI,\max} - I_{NDVI,\min}} \right]^2 \tag{6-3}$$

式中:$Coverage(x,y)$ 为植被覆盖度,I_{NDVI} 为研究区某一点的归一化植被指数,$I_{NDVI,\min}$ 为研究区最低的植被指数,$I_{NDVI,\max}$ 为研究区最大植被指数,$I_{NDVI,\mean}$ 为研究区平均植被指数。

本章采用整个西藏高原和高原中部(范围为 89.34°~92.56°E,29.09°~31.30°N)作为两个研究范围,选取典型植被类型,验证了 Carlson 和 Ripley 植被覆盖度算法的精度。

对整个西藏高原而言,$I_{NDVI,\min} = -0.892377$,$I_{NDVI,\max} = 0.843552$,$I_{NDVI,\mean} = 0.125573$。根据公式(6-3)计算了整个西藏高原的植被覆盖度,并与 2004 年 9 月的 10 个采样点观测的植被覆盖度值进行了对比。结果表明,当植被覆盖度在 30%~80% 时,公式(6-3)能够较好地反映实际的植被覆盖度,两者的相关系数为 0.95;当植被覆盖度大于 80% 时,公式(6-3)计算的植被覆盖度与实际值有一定的误差(图 6.4)。可见,公式(6-3)对中等植被覆盖地区的应用效果较好。

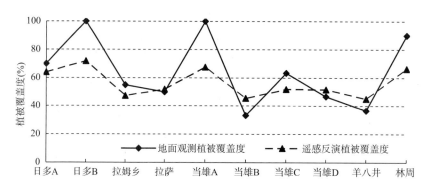

图 6.4 以整个高原作为研究区的 Carlson 和 Ripley
估算的植被覆盖度与地面观测之间的对比

Fig. 6.4 The comparison of vegetation coverage between Carlson and Ripley algorithm
and field measurements in Tibetan Plateau as study area

针对高原中部典型草地植被而言,$I_{NDVI,\min} = -0.666667$;$I_{NDVI,\max} = 0.774510$;$I_{NDVI,\mean} = 0.323064$。根据公式(6-3)计算了高原中部的植被覆盖度,并与 2004 年该区域 10 个采样点的实测植被覆盖度进行了对比。结果表明,植被覆盖度在 30%~80% 时,公式(6-3)计算值与实测值接近,两者的相关系数为 0.94;如果植被覆盖度大于 80% 时,公式(6-3)计算值与实际观测值有较大的差异(图 6.5)。

从以上两个试验区内地面观测与 Carlson 和 Ripley 算法反演的结果对比得出,当植被覆盖度在 30%~80% 时,Carlson 和 Ripley 能够较好地反映实际的植被覆盖度,但如果植被覆盖度大于80%时,该算法与实际值存在一定的误差。结果表明,由于Carlson和Ripley算法是完全根据NDVI提出来的,换言之,是NDVI的另外一种表达方式,所以其实际应用中的效果也受NDVI局限性限制,即当植被覆盖度大于80%时,对植被监测的灵敏度下降。可见,该算法适合于中等覆盖度的草地植被,对西藏高原东南部等覆盖度大于80%的地区并不适合。

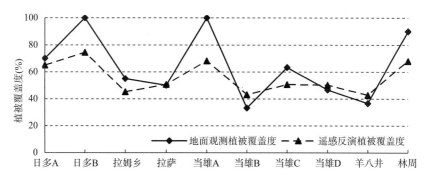

图6.5 以高原中部作为研究区的Carlson和Ripley估算的植被覆盖度与地面观测之间的对比

Fig. 6.5 The comparison of vegetation coverage between Carlson and Ripley algorithm and field measurements in central Tibetan Plateau as study area

6.4 结论与讨论

(1)地面观测的植被覆盖度与MODIS植被指数之间呈线性关系,与NDVI和SAVI的相关系数分别为0.95和0.94。

(2)为了降低土壤背景对植被监测的影响,Huete提出了土壤调节植被指数SAVI,但在西藏高原植被覆盖度监测方面NDVI模型仍优于SAVI,其降低了土壤背景影响的效果,有待进一步深入研究。

(3)总体来看,西藏高原的植被覆盖度较低,覆盖度低于20%的面积在50%以上。覆盖度在1%～10%所占的面积比例最大,为35.36%,主要分布在西藏高原西北部及北部昆仑山脉附近地区。植被覆盖度为100%的面积为122 538.88 km^2,占整个高原的10.72%,主要为高原东南部和喜马拉雅南部森林植被。西藏高原植被覆盖度分布特点是从东南部到西北部逐渐降低。

参考文献

[1] Purevdor J T S, Tateishi R, Ishiyama T, et al. Relationships between percent vegetation cover and vegetation indices. *International Journal of Remote Sensing* [J], 1998, **19**(18): 3519-3535.

[2] 张云霞,李晓兵,陈云浩. 草地植被盖度的多尺度遥感与实地测量方法综述[J]. 地球科学进展, 2003, **18**(1): 85-93.

[3] Wylie B K, Meyer D J, Tieszen L L, et al. Satellite mapping of surface biophysical parameters at the biome scale over the North American grasslands: A case study [J]. *Remote Sensing of Environment*, 2002, **79**: 266-278.

[4] North P R J. Estimation of f_{APAR}, LAI, and vegetation fractional cover from ATSR-2 imagery [J]. *Remote*

Sensing of Environment,2002,**80**:114-121.

[5] Moreau S,Bosseno Ro,Gu X F,*et al*. Assessing the biomass dynamics of Andean bofedal and totora high-protein wetland grasses from NOAA/AVHRR [J]. *Remote Sensing of Environment*,2003,**85**:516-529.

[6] 田静,阎雨,陈圣波.植被覆盖率的遥感研究进展[J].国土资源遥感,2004,**1**:1-5.

[7] Michael W A,Gregory A P,Ramakrishna N R,*et al*. Measuring fractional cover and leaf area index in arid ecosystem:Digital camera,radiation transmittance,and laser altimetry methods [J]. *Remote Sensing of Environment*,2000,**74**:45-57.

[8] Zhou Q,Robson M,Pilesjo P. On the ground estimation of vegetation cover in Australian rangelands [J]. *International Journal of Remote Sensing*,1998,**9**:1815-1820.

[9] 李建龙,黄敬峰,王秀珍.草地遥感[M].北京:气象出版社,1997.

[10] Huete A R. A soil-adjusted vegetation index(SAVI)[J]. *Remote Sensing of Environment*,1988,**25**:295-309.

[11] 顾祝军,曾志远,史学正,等.基于遥感图像不同辐射校正水平的植被覆盖度估算模型[J].应用生态学报,2008,**19**(6):1297-1302.

[12] 秦鹏,陈健飞.ASTER 影像提取植被信息的 NDVI 与 SAVI 法比较——以广州花都区为例[J].热带地理,2008,**28**(5):419-422.

[13] Eastwood J A,Yates M G,Thomson A G and Fuller R M. The reliability of vegetation indices for monitoring saltmarsh vegetation cover[J]. *Int. j. remote sensing*,1997,**18**(18):3901-3907.

[14] Toby N Carlson and David A Ripley. On the relation between NDVI,fractional vegetation cover,and leaf area index [J]. *Remote sense. Environ*,1997,**62**:241-252.

[15] Gilabert M A,Garcia-Haro F J,Melia J. A mixture modeling approach to estimate vegetation parameters for heterogeneous canopies in remote sensing [J]. *Remote Sensing of Environment*,2000,**72**:328-345.

[16] Duncan J,Stow D,Franklin J,*et al*. Assessing the relationship between spectral vegetation indices and shrub cover in the Jornada Basin,New Mexico [J]. *International Journal Remote Sensing*,1993,**14**(18):3395-3416.

[17] Larsson H. Linear regressions for canopy cover estimation in Acacia woodlands using Landsat-TM,-MSS and SPOT HRV XS data [J]. *International Journal Remote Sensing*,1993,**14**(11):2129-2136.

[18] 马耀明,刘东升,苏中波,等.卫星遥感藏北高原非均匀陆表地表特征参数和植被参数[J].大气科学,2004,**28**(1),23-31.

Vegetation Coverage Estimate Methods on the Tibetan Plateau Using EOS/MODIS

Abstract:The relationships between NDVI and SAVI from MODIS/Terra imagery on September 13 and 14,2004,and vegetation coverage derived from field measurements investigated at same time with MODIS data in central Tibetan Plateau are analyzed. Another hand, after selected typical grassland vegetation region in central Tibetan Plateau and whole Tibet

Plateau as two study areas, the accuracy of Carlson and Ripley algorithm of vegetation coverage is validated using field measurements in this chapter. The main conclusions are as follows.

(1) The relationship coefficient between NDVI and vegetation coverage from field investigation is 0. 95 ($R^2 = 0.90$), between SAVI and vegetation coverage reaches 0. 94 ($R^2 = 0.89$).

(2) There is high relationship between vegetation coverage based on the field measurements and estimation from Carlson and Ripley algorithm, coefficients are greater than 0. 94; it was found that Carlson and Ripley algorithm is suitable for the middle grassland vegetation coverage.

(3) Overall, the vegetation coverage over Tibetan Plateau is low; the area of vegetation coverage lower than 20% covered more than 50% of total area. The vegetation coverage between 1%~10% is the largest area(35. 36%) and it mainly distributed over northwestern area and south of Mountain Kunlun in Tibetan Plateau. The area of 100% of vegetation coverage is 122538. 88 km^2 and it covered 10. 72% of the total area, which distributed in southeastern Tibetan Plateau where dominated by forest vegetation. The distribution pattern of vegetation coverage over Tibetan Plateau decreases from southeast to northwest in Tibetan Plateau.

Keywords: vegetation coverage; EOS/MODIS; Tibetan Plateau

第7章 土壤水分遥感监测方法

【摘　要】　土壤水分是植物生长、发育的必要条件,是研究农牧业干旱程度的重要指标,监测土壤水分对农业、旱情、气候等具有重要意义。本章在简要介绍基于遥感植被指数的土壤水分和干旱监测方法的基础上,分别建立了2004年9月在西藏高原中部和2010年11月27日至12月9日在西藏高原中西部实测土壤湿度与同期MODIS植被供水指数和波段7反射率之间的关系。结果表明,MODIS第7波段单窗算法是较为有效和简便的西藏高原土壤水分监测方法,对高原中部雨季基于MODIS波段7的二次多项式监测模型较好,而对整个高原非雨季三次多项式监测模型效果较好,MODIS第7波段同样可以用于高原农田土壤水分的遥感监测。

【关键词】　土壤水分　EOS/MODIS　西藏高原

　　土壤水分是大气降水、植物体内水、地表水和地下水相互转化的纽带,是水文、农业、气候、生态等领域研究的关键参数因子之一[1]。大面积土壤水分的监测是农业水管理及农作物旱情预报的一个重要内容,同时区域到全球尺度的土壤信息是陆面过程模式研究必不可少的一个参量,对改善区域及全球气候模式预报结果起着重要的作用[2]。常规的地面土壤水分测量方法主要有取样称重烘干法、中子仪法、电磁技术和TDR法等[3],这些方法可以定量测定观测点的土壤含水量,如我国气象部门建立的土壤湿度观测站网就是基于这些方法进行的。其主要优点是单点测量精度较高,不足是采样点有限加之土壤特性不均一性,单点观测数据很难代表大面积状况,同时花费的人力、物力也较大。卫星遥感可以迅速、大面积、多时相地获取地面信息,为土壤水分监测提供了一种新的手段[4]。

　　自20世纪70年代以来,国内外对遥感监测土壤水分方法进行了大量研究,取得了许多成果,其中相对成熟且应用较广的方法有热惯量法、热红外法、距平植被指数法、植被供水指数法、作物缺水指数法、绿度指数法等。以前国内外遥感监测土壤水分研究主要集中在NOAA/AVHRR、FY-1和微波遥感应用上。随着卫星遥感技术的快速发展,特别是美国国家航空航天局(NASA)的地球观测系统(EOS)计划的实施,EOS/MODIS传感器更高的空间分辨率和光谱分辨率,使得在大面积土壤水分监测领域得到了越来越广泛的应用。

　　目前基于MODIS资料的遥感监测土壤水分方法可以分为5类:①基于植被指数类的遥感干旱监测方法,如简单植被指数、比值植被指数、归一化植被指数、增强植被指数、归一化水分指数法、距平植被指数等;②基于红外的遥感干旱监测方法,如垂直干旱指数法、修正的垂直干旱指数法等;③基于地表温度的遥感干旱监测方法,如热惯量法、条件温度指数、归一化差值温度指数、植被干旱指数等;④基于植被指数和地表温度的遥感干旱监测方法,如条件植被温度指数、植被温度梯形指数、温度植被干旱指数模型等;⑤基于植被与土壤的遥感监测方法,如地表含水量指数、作物缺水指数法等[5]。

在卫星遥感反演土壤水分和干旱监测中,植被指数(NDVI)和地表温度(LST)是关键因子。因为,NDVI 是植被生长状态及植被覆盖度的重要指示因子,在干旱半干旱地区对整个作物生长期变化较为敏感[6],被认为是监测区域到全球植被和生态环境变化的有效指标。地表温度(LST)是地表能量平衡的主要指示因子,土壤和冠层的温度是决定植被生长速率的主要因素,它控制着生长季节的开始与结束。此外,在干旱和半干旱地区,植被指数、地表温度和植被水分状况三者之间有着很显著的互动关系。水分条件好,植被生长迅速,NDVI 值高,此时植被的生命活动旺盛,蒸腾量大,表面温度降低。干旱发生时,植物受到水分胁迫,植物冠层温度升高[7-9]。

由于土壤水分缺少导致的干旱是西藏农牧业面临的主要自然灾害,常常给当地的经济造成重大损失。西藏高原地形复杂,幅员辽阔,气象台站十分稀少,且多数没有土壤水分观测项目,这对使用地面观测方法来了解土壤水分和旱情程度带来许多困难。通过遥感手段进行西藏高原大范围的土壤水分和旱情监测是较为行之有效的方法,但到目前为止相关研究工作极少。为此,本章利用 2004 年 9 月在西藏高原中部和 2010 年 11—12 月在高原中西部观测的土壤湿度和同期 MODIS 遥感数据建立了适合西藏高原的 MODIS 土壤湿度反演方法和监测模型,旨在进一步提高西藏自治区土壤水分遥感监测精度,为高原农牧业干旱、植被长势等遥感监测业务服务。

7.1　研究区域概况

由于土壤水分的时空差异和变化很大,所以根据野外观测数据,本研究区域分为西藏高原中部和整个高原两个部分。高原中部包括拉萨市及其周边和那曲地区南部。其中,拉萨区域的地形地貌特征表现为西部高、东部低,北部高、南部低;境内水系多,水资源丰富,流域范围大;植被分布特点是东部和北部海拔 4200 m 以上以高寒草甸植被为主,海拔 5000 m 以上为高山植被稀疏带,拉萨河谷和雅鲁藏布江河谷及海拔 4200 m 以下山坡为山地草原[10]。那曲地区南部地势相对平坦,高原形态较为完整,大部分海拔 4500 m 以上地表植被以高寒草原和高寒草甸为主[11]。

对整个西藏高原而言,地形特点是北起昆仑山,南至喜马拉雅山,念青唐古拉山以北为广阔的藏北羌塘高原,往南则是以雅鲁藏布江干支流为主的藏南谷地,高原东南侧紧密排列着南北向的高山峡谷。西藏高原总的地势趋势是西北高、东南低,高原边缘高、中部低。由于气候和地形的影响,随着海拔高度的上升,地表植被类型由东南部向西北部从森林逐渐过渡到灌丛草甸、高寒草甸、高寒草原至高寒荒漠。农田分布较广,但是面积有限,主要分布在藏南和藏东南海拔 4200 m 以下的河谷地带。

7.2　数据源及处理

7.2.1　地面接收的遥感数据处理

作为美国对地观测系统 EOS 计划中对地观测卫星中的第一颗卫星,Terra 卫星于 1999 年 12 月发射成功,标志着人类进入了一个全面、系统、实质性、较高精度的地球观测阶段。Terra 卫星上共有5种传感器,能同时采集地球大气、陆地、海洋和太阳能量平衡等信息,其中之一是中分辨率成像光谱仪 MODIS(moderate-resolution imaging spectroradiometer)。EOS/MODIS 传感器的高时间分辨率、高光谱分辨率、适中的空间分辨率等特点使得其在干旱监测中具有突出的优势。相对于 NOAA/AVHRR 传感器而言,EOS/MODIS 数据主要具有以下优点:①MODIS 传感器的灵敏度和量化精度远比 AVHRR 高,仪器的辐射分辨率达到 12 bit,温度分辨率可达 0.03℃,量化等级也比其他传感器高很多,因而更易发现旱情,监测也更准确;②MODIS 传感器每天至少可对中国绝大部分地区进行一次观测,解决了对旱情进行连续观测时数据源的相对一致性与可参照性;③MODIS 可见光、近红外波段范围比 AVHRR 的范围窄,描述植被信息时所受到的干扰明显较 AVHRR 数据少,并且 MODIS 的近红外波段的水汽吸收区被剔除,而红色波段对叶绿素吸收更敏感。由于 MODIS 传感器具有上述诸多优点,非常适合大范围、长时期、动态的土壤水分和干旱监测。近年来,许多科学家基于 EOS/MODIS 数据在干旱监测方面做了大量工作,取得了大量的成果[5,12]。

西藏自治区遥感应用研究中心从 1988 年开始接收数字化 NOAA/AVHRR 卫星图像,于 2002 年 10 月建立了青藏高原上第一个 EOS/MODIS 接收站,在西藏高原植被长势、积雪、水体及生态环境监测中得到了广泛的应用。本章研究中应用了 2004 年 9 月接收的 MODIS/Terra 遥感图像。MODIS 图像是在中国华云公司研制的华云 EOS 资料处理系统(2.0 版本)中完成的。具体过程为:首先用华云 EOS 资料处理系统将卫星接收的 pds 格式 MODIS 原始文件转成 hdf 格式的 1B 文件;之后用华云 EOS 图像浏览器根据不同波段合成显示在屏幕上,并以不同指数的要求进行波段运算处理。最后,根据观测点的 GPS 读取波段运算后图像的具体数值。所有图像的投影格式为墨卡托投影,像素值为辐射值,即可见光波段为反射率,红外波段为亮温值。对土壤水分和干旱遥感监测而言,只有在晴空无云条件下才能有效提取地表信息。为此,对 2004 年接收的所有 MODIS 图像分析后发现,9 月份在高原上晴空无云图像较多,所以本章采用了 9 月 13 日、14 日和 27 日的 MODIS 多波段图像。

7.2.2 NASA 网上遥感数据处理

MODIS 遥感数据最大的优点是除了全球各地地面接收站根据不同区域特点免费接收卫星数据之外,NASA 针对不同的用户需求,提供了大气、海洋和陆地系列产品及完善的共享服务网站。其中,MODIS 陆地产品可以从美国地质调查局地球资源观测和科学中心(USGS EROS)NASA MODIS 陆地产品分发中心下载,其网站(http://e4ftl01.cr.usgs.gov)提供 MODIS/Terra 全球逐日地表反射率数据集(MOD09GA)。该数据集已对大气气体和气溶胶的影响做了校正,投影方式为正弦曲线投影,数据格式为 EOS-HDF,其中 500 m 精度科学数据集包括 MODIS 波段 1～7 反射率、质量分级、观测范围、观测数量和 250 m 精度的扫描信息;1000 m 精度科学数据集包括观测数量、质量状态、传感器高度、太阳高度、几何定位标记和轨道指针等。存储方式为 16 位整型数据存储,值的范围为 -100～16000,乘以 0.0001 比例系数可以得到实际反射率值。本章采用了 2010 年 11 月 27 日至 12 月 9 日与野外观测同期的逐日 1～7 波段反射率,数据编号为 h24v05、h25v05 和 h25v06。野外观测期间研究区都为晴空天气,为土壤水分遥感监测模型的建立提供了极为有利的天气条件。

MODIS 图像处理时首先利用 MRT 软件将下载的 MOD09GA 数据从 hdf 格式转化为 GeoTiff 格式,并将其正弦曲线投影系统转为地理坐标投影系统,之后在 ArcGIS 空间分析模块中根据土壤湿度采样点 GPS 坐标提取对应 MODIS 波段 7 上的反射率数值,该值乘以

0.0001 即得到实际反射率值。

7.2.3　地面观测数据

2004 年对西藏高原中部 10 个土壤湿度采样点(图 5.1)进行了每月两次的观测,采样方法和计算过程详见本书 5.1.2.2 节。本章研究中应用了其中与晴空 MODIS 卫星图像同步的 9 月份地面观测数据。此外,2010 年 11 月 27 日至 12 月 9 日对西藏那曲、阿里和日喀则地区的典型地表类型进行了外业考察和观测(图 7.1)。此次考察行程 4000 多千米,途经 22 个县,对西藏中西部典型地表类型的土壤湿度、地表温度、地物波谱、植被覆盖度和类型等进行了观测和考察。其中,土壤湿度利用 ML2X 土壤水分速测仪采样,该仪器由英国 Delta-T 仪器设备有限公司生产,是全球应用较为广泛的便携式土壤水分快速测量仪器,其利用 FDR (frequency domain reflectometry)频域反射原理测量 0～5 cm 表层土壤体积含水量,测量范围 0～100％,可以在－10～70℃下工作,在专业标定后 0～40℃ 和 40～70℃ 环境条件下精度分别达到±1％和±2％,仪器默认土壤类型在 0～70℃ 环境温度下精度为±5％。11 月 27 日至 12 月 9 日土壤水分采样数据共有 147 个(图 7.1),采样点地表类型包括高寒草原、高寒草甸、沼泽化草甸、山地草原以及农田等不同类型。

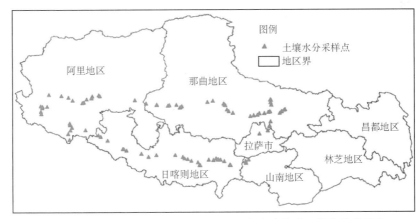

图 7.1　2010 年 11 月 27 日至 12 月 9 日考察路线及土壤水分采样点

Fig. 7.1　Soil moisture sampling sites from November 27 to December 9 of 2010 in Tibet

7.3　研究方法

植被长势可以直接反映出干旱的情况,当受旱缺水时,植被的生长将受到限制和影响,反映绿色植物生长和分布的特征函数——植被指数将会降低,所以监测各种植被指数的变化,也是干旱遥感监测的基本方法之一。基于植被指数的土壤水分监测方法主要有距平植被指数、条件植被指数、植被指数差异等方法。这些植被指数可以由卫星遥感资料的可见光和近红外通道数据进行线性或非线性组合得到。考虑到不同下垫面对温度的影响,还发展了温度与植被指数相结合的干旱监测方法,主要有植被供水指数法、温度植被干旱指数法等。

7.3.1　距平植被指数法

距平植被指数 AVI(anomaly vegetation index)定义为[13]:

$$AVI = NDVI_i - \overline{NDVI} \tag{7-1}$$

式中：$NDVI_i$ 为某一年内某一时期（如旬、月等）$NDVI$ 的值，$\overline{NDVI}$ 为多年该时期 $NDVI$ 的平均值。如果 AVI 的值大于 0，即正距平，表明植被生长较一般年份好；如果 AVI 的值小于 0，即负距平，表明植被生长较一般年份差。一般而言，AVI 为 $-0.1 \sim -0.2$ 时表示旱情出现，$-0.3 \sim -0.6$ 时表示旱情严重。(7-1)式中，$NDVI$ 为归一化植被指数，$NDVI = (CH_2 - CH_1)/(CH_1 + CH_2)$，其中，$CH_1$ 和 CH_2 分别为红外波段与近红外波段的地表反射率。

7.3.2 条件植被指数法

条件植被指数 VCI(vegetation condition index)的表达式为[14]：

$$VCI = \frac{NDVI_i - NDVI_{min}}{NDVI_{max} - NDVI_{min}} \times 100 \tag{7-2}$$

式中：$NDVI_i$ 为某一特定年第 i 个时期的 $NDVI$ 值，$NDVI_{max}$ 和 $NDVI_{min}$ 分别代表所研究年限内 i 个时期 $NDVI$ 的最大值和最小值。

条件植被指数 VCI 可以反映出 $NDVI$ 因天气气候变化影响而产生的变化，消除或减弱地理位置或生态系统、土壤条件的不同对 $NDVI$ 的影响，可以表达出大范围干旱状况，尤其适合于制作低纬地区的干旱分布图[14,15]。

7.3.3 植被指数差异法

利用近两年植被指数差异可以反映在土地利用变化不大和耕作条件无明显差异的情况下，水分条件对植被生长的影响，其表达式为：

$$\Delta NDVI_j = NDVI_j - NDVI_{j-1} \tag{7-3}$$

式中：$\Delta NDVI_j$ 为 j 像元两年植被指数的差，$NDVI_j$ 为当年的植被指数值，$NDVI_{j-1}$ 为比较年像元 j 的植被指数。$\Delta NDVI_j$ 值越大表明两年植被指数的差异越大，水分差异越明显；反之，$\Delta NDVI_j$ 值越小表明这两年植被指数的差异越小，水分的供应相当[16]。

7.3.4 温度植被干旱指数法

温度植被干旱指数 TVDI(temperature vegetation dryness index)最早是由 Sandholt 等[17]提出的，其表达式为：

$$TVDI = (T_S - T_{Smin})/(T_{Smax} - T_{Smin}) \tag{7-4}$$

式中：T_{Smin} 为最低地表温度，定义为湿边；T_S 是任意像元的地表温度；$T_{Smax} = a + bNDVI$，为某一 $NDVI$ 对应的最高地表温度，即干边，a、b 是干边拟合方程的系数，在干边上 $TVDI = 1$，在湿边上 $TVDI = 0$。$TVDI$ 值越大，土壤湿度越低，表明干旱越严重。

7.3.5 植被供水指数法

植被供水指数法 VSWI(vegetation supplication water index)适于地面有作物覆盖干旱状况的遥感监测。其物理意义为当作物供水正常时，卫星遥感的植被指数和作物冠层的温度在一定的生长期内保持在一定范围内。如果遇到干旱，作物供水不足，生长受到影响时，卫星遥感植被指数降低，这时作物没有足够的水分供给叶子表面蒸发，被迫关闭一部分气孔，导致作物冠层的温度升高。VSWI 综合考虑了作物受到干旱影响时在红外、近红外、热红外波段的反映。通过多元统计的方法建立 VSWI 与实测土壤水分的相关关系,从而拟合植被供水指数与土壤含水量的关系。植被供水指数 VSWI 表达式为:

$$VSWI = NDVI/T_s \tag{7-5}$$

式中:T_s 为植被的冠层温度;$NDVI$ 为归一化植被指数;$VSWI$ 为植被供水指数,表示植被受旱程度的相对大小。$VSWI$ 值越小表明作物冠层温度较高,而植被指数较低,作物受旱程度越重。由于遥感反演植被冠层温度较为困难,通常以反演的地表温度(LST)近似为植被冠层温度。VSWI 综合考虑了表征植被生长状态的主要指标 NDVI 和决定植被生长速率的土壤和冠层温度,所以在土壤水分和干旱监测中应用前景更为广泛。

7.4 分析与结果

7.4.1 高原中部土壤水分变化特点

2004 年高原中部土壤湿度采样点日多 A 和日多 B 位于拉萨东部,其中日多 A 为典型的高寒草甸草原,日多 B 则为河谷沼泽化草甸,相距 20 km。根据 2004 年每月 2 次的 5 cm 土壤湿度观测数据显示,两者的基本变化趋势一致(图 7.2),但是日多 A 的观测值显著小于日多B,日多 B 的平均土壤湿度为 80.1%,日多 A 平均值为 34.0%。4 月 29 日两者出现了较大的值,9 月 13 日出现了一个较低的值。需要指出的是,由于受局地地形和降水等天气条件的影响,加上非连续观测,土壤湿度的季节性不明显。日多 B 采样点 7 次观测的土壤湿度都大于100%,其中最大值为 331.8%,出现在 1 月 18 日,最小值为 14.2%,出现在 9 月 13 日;日多 B 最大值为 76.7%,出现在 4 月 29 日,最小值为 6.5%,出现在 2 月 11 日。可见,由于沼泽化地段四季水源较为丰富,其土壤湿度显著大于高寒草甸地区。

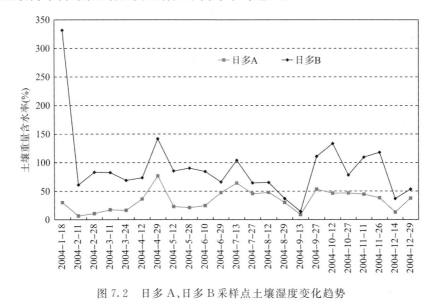

图 7.2 日多 A、日多 B 采样点土壤湿度变化趋势

Fig. 7.2 Soil moisture changes in different sampling sites(Riduo A and Riduo B)

拉萨采样点位于拉萨市郊拉萨河南岸,拉木乡采样点则在达孜县以东,植被类型同属于典型的山地河谷温性草原类型。两个采样点的土壤湿度与高寒草甸和沼泽化草甸类型相比较低,拉萨采样点的平均值为9.7%,拉木乡采样点平均值仅为7.6%。两者的变化趋势基本一致(图7.3),线性相关显著($R = 0.91$)。年内变化特点是冬季湿度很低,小于4%,7—8月较高,一般在10%以上,9月中旬土壤湿度出现了突然下降的趋势,之后至10月中旬又有一个上升的阶段,2004年10月12日拉木乡采样点的土壤湿度为53.6%,拉萨观测点的观测值为62.6%,均达到年内观测的最大值。

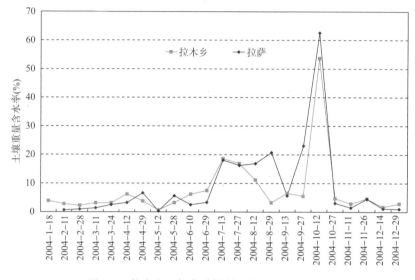

图7.3　拉木乡和拉萨采样点土壤湿度变化趋势

Fig. 7.3　Soil moisture changes in different sampling sites(Lhamu and Lhasa)

除了以上4个观测点之外,其余5个土壤湿度观测点在当雄县境内,包括当雄县北面的观测点当雄A,其植被类型为高寒沼泽化草甸;县城西面的观测点当雄B,县城东面的当雄C及羊八井观测点,这三个观测点的植被类型属于高寒草原植被类型;观测点当雄D位于当雄谷地的山坡上,为典型高寒草甸草原。

观测点当雄B、当雄C和羊八井的土壤湿度都在8.3%~8.9%,且变化趋势一致(图7.4),表现为冬季湿度低,5月上旬开始逐渐上升,6月初至8月中旬土壤湿度都比较高,一般在10%以上,8月下旬开始土壤湿度呈下降趋势,直至9月13日出现了一个低值,都小于7.0%,之后又有上升,直至10月13日出现了观测时段内的最大值,此时羊八井为38.7%,当雄B为26.3%,当雄C为31.7%。当雄D的平均湿度高于其他观测点,年均达11.4%,冬季土壤湿度较小,小于5.6%,平均值为3.8%。夏季土壤湿度都保持在较高的水平,平均值在20%左右。与前几个观测点一样,最大值出现在2004年10月13日,为29.0%。

采样点当雄A为有栏围网的当雄谷地沼泽化草甸,常年基本保持在很高的土壤湿度,平均为97.2%,一年中9次观测时次的土壤湿度都大于100%。其最高值将近200%,出现在2004年2月12日,最低为15.8%,出现在8月30日。该沼泽地一年四季水源丰富,相应的土壤湿度也不存在季节性变化特征(图7.5),而其他所有观测点在8月初至9月中旬土壤含水量都出现了突然骤降的趋势,这与这一时期西藏高原明显的"雨季间歇期"密切相关。

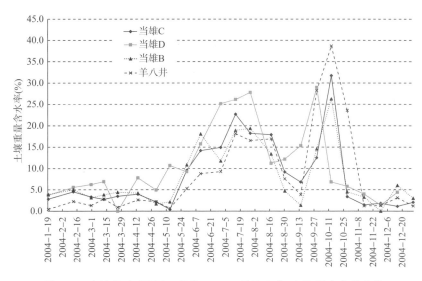

图 7.4　当雄谷地观测点（当雄 B,C,D 及羊八井）土壤湿度变化趋势

Fig. 7.4　Soil moisture changes in different sampling sites(Dangxiong B,C,D and Yangbajing)

图 7.5　当雄谷地观测点（当雄 A）土壤湿度变化趋势

Fig. 7.5　Soil moisture changes in sampling site Dangxiong A

7.4.2　高原中部土壤水分监测方法

7.4.2.1　植被供水指数方法

地表温度(LST)是区域和全球尺度地表物理过程中的关键因子之一,是研究地表和大气之间物质和能量交换的重要参数,也是农业生态环境的重要因子。地表温度在气候、水文、生态学等许多研究领域中都是必不可少的[12]。科研人员利用 NOAA/AVHRR 资料在获取地表温度方面开展了大量的研究工作,取得了一些较好的结果[18]。随着 NOAA/AVHRR 及EOS/MODIS 数据的广泛应用,许多学者通过多种方式对大气辐射传输方程进行简化,出现了

多种地表温度反演算法。根据所选波段的不同可分为以下几种:只使用一个热红外波段的单窗算法[19]、使用两个热红外波段的分裂窗算法[20]和利用多个热红外波段的多通道反演方法[21],其中分裂窗算法最初是针对 NOAA/AVHRR 的两个热红外通道设计的,也是目前发展最成熟的地表温度反演方法。

地表温度的反演首先要得到热红外波段的亮度温度,在此基础上反演地表温度,遥感反演的地表温度是在像素尺度上的地面平均温度。目前常采用的是分裂窗算法,即在 $8\sim14\ \mu\mathrm{m}$ 光谱区域存在一个大气窗口,在该大气窗口大气吸收最小,通过该窗口传送的地表能量损失最小。通常利用大气窗口内两个相邻波段上大气的吸收作用不同,由两个波段值的各种组合来消除大气的影响。Price 于 1984 首先提出了基于 AVHRR 数据的 LST 分裂窗反演算法[22]:

$$T_s = T_4 + A(T_4 - T_5) + B \qquad (7\text{-}6)$$

式中:T_s 为地表温度,T_4、T_5 分别为 AVHRR 第 4、5 波段的亮度温度,A、B 是与大气状态、视角、地表反射率有关的系数。

崔彩霞等研究表明[23],在 MODIS 传感器 17 个热红外波段中,用 29,31,32,33 通道分析地表热辐射和地表温度的变化最为合适。在此基础上,张树誉等[24]对 MODIS 第 31 和 32 通道亮度温度与气象站实测地表温度进行了回归分析,建立了地表温度反演模型和系数,其回归方程为:

$$T_s = T_{31} + 3.7618(T_{31} - T_{32}) + 0.8352 \qquad (7\text{-}7)$$

式中:T_s 为地表温度,T_{31}、T_{32} 分别是 MODIS 第 31 和第 32 波段的亮度温度。本章基于该地表温度算法和对应的 NDVI 植被指数,利用植被供水指数法公式(7-5),计算了高原中部植被供水指数分布。在此基础上,与实测的土壤湿度之间建立了相关关系(图 7.6),得出的回归模型如下:

$$y = 114848x^2 - 4279.1x + 54.047 \qquad (R^2 = 0.76) \qquad (7\text{-}8)$$

式中:x 为 MODIS 植被供水指数 VSWI,y 为 5 cm 深土壤重量含水率。

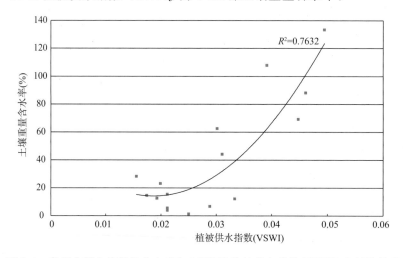

图 7.6　高原中部土壤重量含水率与 MODIS 植被供水指数(VSWI)之间的关系

Fig. 7.6　The relationship between soil moisture and MODIS VSWI in the central Tibet

7.4.2.2　MODIS 单窗方法

水体在 1.4 μm 和 2.0 μm 附近存在有很高的吸收峰,如果土壤中水的含量很多,则在这些波长上土壤反射率很低,反之为高值。Landsat TM 数据虽然具有 1.55～1.75 μm 和 2.08～2.35 μm 通道,但是其扫描范围窄,且时间分辨率低,不适合用作大面积的土壤含水量监测。MODIS 第 7 波段的波长范围为 2.105～2.135 μm,正好位于水体吸收峰值,非常适合土壤水分的监测。这里采用的 MODIS 数据由西藏自治区遥感应用研究中心接收,空间分辨率为 500 m。通过从 MODIS 第 7 波段图像上读取地面土壤水分观测点 GPS 坐标对应的反射率,最后建立了两者的相关关系(图 7.7),其表达式如下:

$$y = 5473.5x^2 - 2510.6x + 290.73 \qquad (R^2 = 0.77) \qquad (7\text{-}9)$$

式中:x 为 MODIS 第 7 波段反射率值,y 为 5 cm 深土壤重量含水率。根据该公式计算了 2004 年 9 月 14 日西藏高原中部土壤湿度的空间分布,见彩图 5。

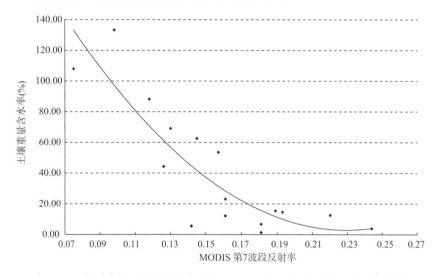

图 7.7　高原中部土壤重量含水率与 MODIS 第 7 波段反射率之间的关系

Fig. 7.7　The relationship between soil moisture and reflectivity of MODIS band 7

7.4.3　高原中西部土壤水分分布特点

2010 年 11 月 27 日至 12 月 9 日土壤水分野外采样数据中,高寒草原地表类型共有 75 个,占一半多的样本,其次是高寒草甸 29 个、农田 17 个、山地草原及灌丛 16 个及沼泽化草甸共 10 个。高寒草原的最大土壤湿度为 36%,最小值只有 3%,平均仅 12%,其中土壤湿度小于 10% 的占该采样点的 47%,小于 20% 的占 84%。高寒草原的目视覆盖度范围在 2%～90%,覆盖度小于 50% 的占采样点的 73%,平均覆盖度为 35%。高寒草甸的土壤湿度与高原草原类似,在 29 个采样点中最低的土壤湿度只有 3%,而最大值仅 28%,平均为 14%,土壤湿度小于 10% 的占该采样总数的 21%,小于 20% 的占 79%。高寒草甸的植被覆盖度在 35%～100%,大于 80% 的占整个采样总数的 72%,平均植被覆盖度为 81%。可见,作为西藏高原两大主要的地表类型,高寒草原和高寒草甸的土壤湿度差异较小。由于 11 月底至 12 月初高原中西部的地表植被已干枯,土壤湿度都很低,但是高寒草甸的植被覆盖度要明显大于高寒草原。山地草原和灌丛地表类型的土壤湿度同样很低,在 $5\%\sim39\%$,土壤湿度 10% 以上的占采样点的 38%,平均湿度为 15%,其目视覆盖度在 $10\%\sim100\%$,覆盖度大于 50% 的占该采样点总数的 56%。沼泽化草甸的土壤湿度在 $5\%\sim20\%$,平均为 12%,其中湿度大于 10% 的占 67%。沼泽化草甸地表类型的植被覆盖度在所有地表类型中最高,所有采样点的覆盖度大于 95%,多数为 100%,平均达 99%。农田采样点主要在雅鲁藏布江中游谷地收割之后的耕地上,这些地区由于具有良好的灌溉设施,相比天然草地地表类型,农田的土壤湿度较高,最大为 71%,最小为 23%,平均为 43%。

7.4.4　高原中西部土壤水分监测方法

在分析高原不同地表类型土壤水分特点的基础上,以实测的土壤含水量为因变量,以 MODIS 第 7 波段反射率为自变量,分别采用线性、对数、乘幂和多项式 4 种统计方法建立了两者之间的回归模型。拟合方程如下:

$$y = -98.928x + 44.42 \qquad R^2 = 0.3302, N = 147 \qquad (7\text{-}10)$$

$$y = -25.845\mathrm{Ln}(x) - 17.345 \qquad R^2 = 0.4247, N = 147 \qquad (7\text{-}11)$$

$$y = 2.8294x^{-1.1445} \qquad R^2 = 0.2601, N = 147 \qquad (7\text{-}12)$$

$$y = -2455.1x^3 + 2606x^2 - 918.43x + 119.77 \qquad R^2 = 0.513, N = 147 \qquad (7\text{-}13)$$

式中:y 表示 5 cm 深土壤体积含水量,x 表示 MODIS 波段 7 反射率值。

依据决定系数较大的回归建模原则,基于 MODIS 波段 7 反射率的三次多项式模型拟合效果相对较好,两者的决定系数最大,$R^2 = 0.513$,通过了 $P < 0.001$ 的显著性检验,结果见图 7.8。从公式(7-10)给出的两者线性拟合方程可知,MODIS 波段 7 的反射率与土壤含水量呈负相关关系,即第 7 波段的反射率越大,土壤湿度越小,反之亦然。其主要原因是由于水体在 MODIS 第 7 波段所在波长 2.0 μm 附近有很高的吸收峰,反射率很低,如果在土壤中的水分含量越多,该波段上的反射率越低。因此,MODIS 第 7 波段对大范围土壤水分的监测是非常有效和方便的。

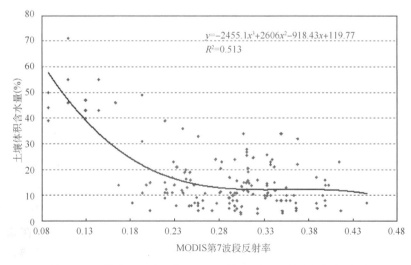

图 7.8　土壤体积含水量与 MODIS 第 7 波段反射率之间的关系

Fig. 7.8　The relationship between soil moisture and reflectivity of MODIS band 7

对实测土壤含水量数据的分析发现,农田的土壤湿度相对较大,体积含水量大多在40%以上,最高达71%。其他地表类型的土壤湿度均在37%以下,土壤湿度在10%以下的大多出现在高寒草原和高原草甸地表类型,而且多数观测地点位于藏北高原。由于观测时间是11月底至12月初,高原雨季已结束,以高寒草原和高寒草甸为主的高原地表类型土壤湿度较低,建立的模型(7-13)更适合于秋冬季节高原土壤水分的遥感监测,而模型(7-8),(7-9)更加适合于高原中部雨季土壤湿度遥感监测。

在以上工作基础上,对所有农田采样点的土壤湿度与同期MODIS第7波段的反射率之间做了进一步相关分析,发现两者有很好的线性相关性(图7.9),拟合方程为 $y = -95.564x + 58.699(R=0.66)$,通过了 $P<0.01$ 的显著性检验。这表明MODIS第7波段对高原农田的土壤湿度监测同样有较好的效果。除了农田之外,以高寒草原、高寒草甸、山地草原与灌丛及沼泽化草甸等天热草地为主的地表类型土壤湿度与MODIS波段7之间没有明显的相关性,其主要原因是这些天然草地地表类型的空间异质性很强,同一地表类型土壤湿度的局地差异很大,很难用简单的线性等关系来描述两者之间的关系。

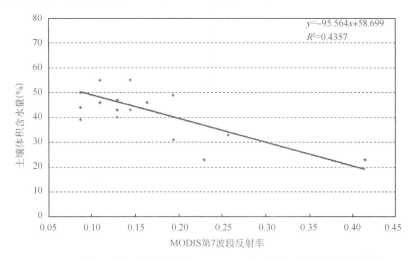

图7.9　农田土壤体积含水量与MODIS第7波段反射率之间的关系

Fig. 7.9　The relationship between soil moisture of agricultural land and reflectivity of MODIS band 7

7.5　结论

利用西藏高原中部和中西部不同时期地面土壤湿度观测资料和同期MODIS数据建立了西藏高原土壤湿度遥感监测方法和模型,得出的主要结论如下。

(1)根据地面观测表明,沼泽化草甸一年四季土壤湿度均保持在较高的水平,明显高于其他地表类型,而且没有季节性变化特征。高寒草原、高寒草甸和山地草原等地表类型的土壤含水量从5月中旬开始增加,之后增加迅速,8月底至9月中旬土壤含水量都出现了突然下降的趋势,这与西藏高原这一时期明显的"雨季间歇期"密切相关。11月底至12月初不同天然草地地表类型的平均土壤湿度差异很小,但是区域差异很大,这是由这些地表类型很强的空间异质性引起的。

(2)遥感土壤水分监测方法中,植被供水指数(VSWI)同时考虑了植被长势和下垫面温度对土壤水分和干旱的影响,在土壤水分遥感监测方法中较为常用,但是对西藏高原而言,基于

MODIS 第 7 波段的单窗算法优于植被供水指数算法。VSWI 更适宜于反映植被覆盖较好地表状况条件下的土壤供水情况,而后者更加适合于植被覆盖度较低地区土壤水分的监测。

(3)位于水体强吸收峰的 MODIS 第 7 波段单窗算法是较为有效和简便的西藏高原土壤水分监测方法,对高原中部雨季基于 MODIS 波段 7 的二次多项式监测模型模拟效果较好,对整个高原则是非雨季三次多项式监测模型效果较好。MODIS 第 7 波段同样对高原农田的土壤水分监测有较好的效果。

(4)遥感监测土壤水分的首要条件是获取晴空无云的遥感图像,但是土壤水分和干旱监测关键的春夏期间,在西藏高原特别是高原中东部以多云为主,很难找到晴空无云的遥感图像,使得对实时监测高原土壤水分和旱情带来一定的难度。

参考文献

[1] Moran M S,Hymer D C,Qi J,et al. Comparison of ERS-2 SAR and Landsat TM imagery for monitoring agricultural crop and soil conditions[J]. *Remote Sensing of Environment*,2002,(79):243-252.

[2] 高峰,王介民,孙成权,文军. 微波遥感土壤湿度研究进展[J]. 遥感技术与应用,2001,**16**(2):97-102.

[3] 周凌云,陈志雄,李卫民. TDR 法测定土壤含水量的标定研究[J]. 土壤学报,2003,**40**(1):59-64.

[4] 邵晓梅,严昌荣,徐振剑. 土壤水分监测与模拟研究进展[J]. 地理科学进展,2004,**23**(3):58-66.

[5] 张红卫,陈怀亮,申双和. 基于 EOS/MODIS 数据的土壤水分遥感监测方法[J]. 科技导报,2009,**27**(12):85-92.

[6] 王长耀,牛铮,唐华俊,等. 对地观测技术与精细农业[M]. 北京:科学出版社,2001.

[7] 王鹏新,Wan Zhengming,龚健雅,等. 基于植被指数和土地表面温度的干旱监测模型[J]. 地球科学进展,2003,**18**(4):527-533.

[8] Wan Zhengming,Wang Pengxin,Li Xiaowen. Using MODIS land surface temperature and Normalized Difference Vegetation Index products for monitoring drought in the southern Great Plains,USA [J]. *International Journal of Remote Sensing*,2003,**24**:1-12.

[9] 韩丽娟,王鹏新,王锦地,刘绍民. 植被指数—地表温度构成的特征空间研究[J]. 中国科学(D 辑):地球科学,2005,**35**(4):371-377.

[10] 西藏自治区拉萨市农牧局. 西藏拉萨土地资源[M]. 北京:中国农业科技出版社,1991.

[11] 西藏自治区那曲地区畜牧局. 西藏那曲地区土地资源[M]. 北京:中国农业科技出版社,1992.

[12] 刘玉洁,杨忠东,等. EOS/MODIS 遥感信息处理原理与算法[M]. 北京:科学出版社,2001.

[13] 陈维英,肖乾广,盛永伟. 距平植被指数在 1992 年特大干旱监测中的应用[J]. 环境遥感,1994,**9**:106-112.

[14] Kogan F N. Remote sensing of weather impacts on vegetation in non-homogeneous areas[J]. *International Journal of Remote Sensing*,1990,**11**:1405-1419.

[15] Kogan F N. Droughts of the late 1980s in the United State as Derived from NOAA polar-orbiting satellite data[J]. *Bulletin of the American Meteorological Society*,1995,**76**:655-668.

[16] 李星敏,刘安麟,王钊,等. 植被指数差异在干旱遥感监测中的应用[J]. 陕西气象,2004,**5**:17-19.

[17] Sandholt I,Rasmussen K,Andersen J. A simple interpretation of the surface temperature/vegetation index space for assessment of surface moisture status[J]. *Remote Sensing of Environment*,2002,**79**:213-234.

[18] 高懋芳,覃志豪,徐斌. 用 MODIS 数据反演地表温度的基本参数估计方法[J]. 干旱区研究,2007,**24**(1):113-119.

[19] Qin Z,Karnieli A,Berliner P. A mono-window algorithm for retrieving land surface temperature from

Landsat TM data and its application to the Israel-Egypt border region[J]. *International Journal of Remote Sensing*,2001,**22**(18):3719-3746.

[20] 覃志豪,Zhang M,Arnon K. 用 NOAA/AVHRR 热通道数据演算地表温度的劈窗算法[J]. 国土资源遥感,2001,**48**(1):33-42.

[21] Gillespie A,Rokugawa S,Matsunaga T,*et al*. A temperature and missivity separation algorithm for advanced spaceborne thermal emission and reflection radiometer(ASTER)images[J]. *IEEE Transactions on Geoscience and Remote Sensing*,1998,**36**:1113-1125.

[22] Price J C. Land surface temperature measurements from the split window channels of the NOAA 7 AVHRR [J]. *J. Geophys. Res.*,1984,**89**(D5):7231-7237.

[23] 崔彩霞,杨青,杨莲梅. MODIS 资料用于塔克拉玛干沙漠地表温度计算方法初探[J]. 中国沙漠,2003,**23**(5):596-598.

[24] 张树誉,杜继稳,景毅刚. 基于 MODIS 资料的遥感干旱监测业务化方法研究[J]. 干旱地区农业研究,2006,**24**(3):1-6.

[25] 张仁华. 定量热红外遥感模型及地面实验基础[M]. 北京:科学出版社,2009.

Approach to Monitoring Soil Moistures Using MODIS Imagery in Tibet

Abstract:Soil moisture plays an important role in surface energy balances,regional runoff,potential drought and crop yield etc. Traditional measurement of soil moisture is a time-consuming job and only limited samples could be collected. Many problems would be results from extending those point measurements to 2D space,especially for a regional area with heterogeneous soil characteristics. The emergency of remote-sensing technology makes it possible to rapidly monitor soil moisture on a regional scale. In this chapter,the methodology of soil moisture and drought monitoring based on vegetation index is briefly introduced first. Then,MODIS vegetation supplication water index (VSWI) at a 1 km scale and MODIS band 7 reflectivity at a 0.5 km scale have been combined with ground measured soil moisture to determine regression relationships. The result shows that MODIS VSWI and MODIS band 7 reflectivity are strongly correlated with the ground measured soil moisture and the regression coefficients between observed soil moisture content and MODIS VSWI,MODIS band 7 value reaches 0.87 and 0.88,respectively. These regression models can be used to generate soil moisture estimates at moderate resolution for the study area. For the Tibet region,MODIS band 7 is a simple and effective soil moisture and drought monitoring approach compared to other remote sensing based methods.

Keywords:soil moisture;MODIS;Tibet

第8章 地表温度反演方法

【摘　要】 基于劈窗算法,本章利用 MODIS L1B 数据反演了位于西藏高原中部拉萨市 2010 年 1—12 月 12 个时次的地表温度,并将反演结果与地面气象站观测数据以及 NASA 提供的 MODIS 地表温度标准产品进行对比验证分析。研究表明,该方法反演的结果与地面气象站观测数据之间的相关系数为 0.89,RMSE 为 6.97℃,与 NASA 的标准反演方法相比,本章所用的反演方法精度更高。

【关键词】 西藏　拉萨　MODIS　Sobrino 算法　地表温度反演

地表温度(land surface temperature,LST)是地表与大气之间物质交换和能量平衡的重要参数之一,在研究气候变化、水文循环、生态环境等研究中具有重要意义[1]。由于青藏高原地形复杂,气象站点分布稀疏且很不均匀,如在地处西藏中部地区的拉萨市境内,8 个气象站点主要分布在海拔较低的城镇附近,观测所得的地表温度能代表的区域范围非常有限。因此,传统的地表温度观测手段已很难满足现代研究工作的需要。然而,遥感数据却以其宏观、经济的特点,可以很好地弥补这一问题,现已成为一种非常重要的数据源。目前,基于遥感数据的方法一般都是通过一些化简方法来获取,诸如比辐射率和大气参数等,以求取地表真实温度。随着遥感应用的深入,在已知地表比辐射率的前提下,利用各种对大气辐射传输方程的近似和假设,相继提出了针对不同传感器的多种地表温度反演算法,如单通道算法、多通道算法(劈窗算法)、单通道多角度算法、多通道多角度算法等[2],其中,劈窗算法降低了对大气参数的敏感性,所需参数少,模型相对简单,反演精度较高,是应用最多、最成熟的算法。

劈窗算法,又称分裂窗算法(split-window technique,SWT),是针对 NOAA/AVHRR 的热红外波段 4 和波段 5 的数据推导而来,是目前发展最成熟的地表温度反演算法[5,6],它通过两个波段值得到各种组合来消除大气影响,进行大气校正。由于 MODIS 的第 31 和 32 波段范围很接近上述两波段,且在上述两波段的响应范围内,波谱范围更窄。因此,针对 MODIS 数据的这一特点,Sobrino 等[3]、Wan 等[4]、谭志豪等[5]相继提出了不同的算法。在这些算法中 Sobrino 算法相对简单,容易实现。

本章以 MODIS 卫星图像为数据源,在调整 Sobrino 算法的基础上反演了西藏拉萨地区的地表温度,并将反演结果分别与 NASA 发布的相应地表温度标准产品和拉萨市气象局提供的自动站实测数据进行定量化的对比与验证分析。

8.1　研究区域概况与数据

8.1.1　研究区域概况

拉萨市(图8.1)位于西藏高原中部,是西藏自治区首府,地理坐标范围为$89°46'\sim92°37'$E,$29°13'\sim31°03'$N。现辖堆龙德庆县、尼木县、曲水县、林周县、达孜县、墨竹工卡县、当雄县和城关区八县(区),全市行政区总面积 29518 km^2。拉萨市地处喜马拉雅山脉北侧,全年多晴朗天气,降雨较少,太阳辐射强,日照时间长,昼夜温差较大,地势西部高、东部低,北部高、南部低,海拔 $3437\sim7124$ m,属高原温带半干旱季风气候区。历史最高气温 29.6℃,最低气温 $-16.5℃$,年平均气温 7.4℃,年平均气压 652.5 hPa,年平均相对湿度 44%。降雨量集中在7,8,9月份,年降雨量约 500 $mm^{[6]}$。

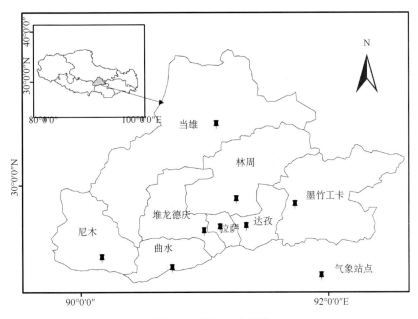

图 8.1　研究区示意图

Fig. 8.1　Study area and location of the meteorological stations

8.1.2　数据

本章选取了 2010 年 1—12 月每月一景 MODIS/Terra 卫星数据作为研究数据(表8.1),数据均来源于西藏自治区气象局高原大气环境科学研究所接收的 EOS/MODIS 数据,其空间分辨率为 $250\sim1000$ m,卫星的过境时间在北京时 13 时左右。由于高原地区天气状况复杂多变,遥感影像的云污染问题严重,所以 MODIS 数据均选每月中晴空或云量最少条件下的一景图像资料。此外,本章还采用了拉萨市气象局提供的多个自动站气象数据,其中地表温度数据选取地面 0 cm 温度,采样周期为 1 h。其他数据包括中科院国际科学数据服务平台提供的拉萨市 30 m 空间分辨率 DEM 数据、NASA 提供的气溶胶光学厚度数据、大气臭氧含量数据以及 1 km 分辨率的 MODIS 11 A1 地表温度标准产品。

由于自动气象站地表温度的观测时次为每小时整点观测一次,卫星过境时刻的瞬时地表温度并无记录,所以研究中选取的实测地表温度尽量靠近卫星过境时刻,以此代表卫星过境时的瞬时地表温度。

表 8.1　MODIS/Terra 卫星遥感数据及其过境时间

Table 8.1　The passing time of MODIS/Terra

过境日期	过境时间
2010 年 1 月 16 日	13 时 07 分
2010 年 2 月 16 日	12 时 25 分
2010 年 3 月 11 日	12 时 31 分
2010 年 4 月 28 日	12 时 31 分
2010 年 5 月 18 日	12 时 07 分
2010 年 6 月 10 日	12 时 13 分
2010 年 7 月 19 日	12 时 19 分
2010 年 8 月 6 日	13 时 07 分
2010 年 9 月 30 日	12 时 37 分
2010 年 10 月 25 日	12 时 55 分
2010 年 11 月 17 日	12 时 18 分
2010 年 12 月 28 日	12 时 06 分

8.1.2.1　MODIS

MODIS(moderate resolution imaging spectroradiometer)中分辨率成像光谱辐射计,是搭载于美国 EOS 系列卫星之上的一个重要遥感传感器。第一颗 EOS-AM(Terra)卫星于 1999 年 12 月 18 日发射成功,第二颗 EOS-PM(Aqua)卫星于 2002 年 5 月 4 日发射成功。MODIS 传感器有 36 个离散光谱波段,光谱范围从可见光 0.4 μm 到热红外 14.4 μm 全光谱覆盖。其中,波段 1 和波段 2 空间分辨率可达 250 m,波段 3～7 为 500 m,其余 8～36 共计 29 个波段为 1 km。每条轨道的扫描辐宽 2330 km,回归周期 1～2 d。本章中采用 MODIS/Terra L1B (MOD021 KM.hdf)数据中的 1,2,3,4,5,6,7,17,18,19,31,32 波段(表 8.2),以及相对应的 MODIS 03 地理定位数据。

表 8.2　研究选取的 MODIS 传感器波段参数表

Table 8.2　Parameters of selected MODIS bands in the study

基本用途	波段序号	波段范围(μm)	光谱灵敏度 (W・m^{-2}・μm^{-1}・sr^{-1})	信噪比	空间分辨率 (m)
陆地/云的界限	1	0.620～0.670	21.8	128	250
	2	0.841～0.876	24.7	201	
陆地/云的性质	3	0.459～0.479	35.3	243	500
	4	0.545～0.565	29.0	228	
	5	0.1230～0.1250	5.4	74	
	6	0.1628～0.1652	7.3	275	
	7	0.2105～0.2155	1.0	110	

续表

基本用途	波段序号	波段范围(μm)	光谱灵敏度 ($W \cdot m^{-2} \cdot \mu m^{-1} \cdot sr^{-1}$)	信噪比	空间分辨率 （m）
大气水分	17	0.890～0.920	10.0	167	1000
	18	0.931～0.941	3.6	57	
	19	0.915～0.965	15.0	250	
地表/云温度	31	10.780～11.280	9.55(300K)	0.05	
	32	11.770～12.270	8.94(300K)	0.05	

8.1.2.2 数据预处理

本章选用的 MODIS L1B 产品是初级产品，需要对数据进行相应的前期处理。首先基于 NASA 提供的 MODIS Swath Tool 软件对卫星数据进行几何校正、波段提取、重投影以及重采样到统一分辨率等数据处理，主要参数设置如下：①选择的波段为 1～7、17～19、31、32，选择相对应的 MODIS 03 文件进行几何校正；②填写研究区的经纬度范围进行矩形裁剪，投影方式为等经纬度投影，重采样选用最近邻法，输出数据分辨率为 0.01°，格式为 GeoTiff 格式。最后，将上步相应数据在 ENVI 4.5 中进行拉萨市范围的矢量裁剪，输出格式为 GeoTiff。

8.2 地表温度及各参数的反演方法

8.2.1 地表温度反演原理

调整后的 Sobrino 算法公式为：

$$LST = t_1 + (3.29 - 0.12W)(t_1 - t_2) + 9.84 - 0.04W +$$
$$(38.72 + 1.23W)(1 - e) + (1.2W - 100.22)de \tag{8-1}$$

式中：LST 为地表温度；t_1，t_2 分别为从 MODIS 波段 31 和波段 32 获得的亮温；W 为大气水汽含量，e 为地表比辐射率，de 为表面比辐射率差。

8.2.2 地表温度各参数算法

根据劈窗算法原理，需要在反演之前确定亮度温度、大气水汽含量、地表比辐射率、地表反照率 4 个参数。这些参数的确定及地表温度反演流程分别如下。

8.2.2.1 亮度温度的确定

亮度温度定义为和被测物体具有相同辐射强度的黑体所具有的温度，在遥感应用中是指卫星上传感器获得的辐射能所对应的温度。亮度温度是衡量物体温度的一个指标，但不是物体的真实温度。根据普朗克函数建立的辐射亮度与亮度温度的关系式可表示为：

$$L_s = \frac{c_1 \lambda_c^{-5}}{\pi (e^{\left(\frac{c_2}{\lambda_c T_c}\right)} - 1)} \tag{8-2}$$

对上式求逆得：

$$T_c = \frac{c_2}{\lambda_c \ln\left(\frac{c_1}{\lambda_c^5 \pi L_s} + 1\right)} \tag{8-3}$$

式中:λ_c 为传感器的中心波长,对应于 MODIS 为 31,32 波段的中心波长;T_c 为对应中心波长的亮度温度;L_s 为传感器接收到的辐射率;c_1,c_2 为普朗克函数常量,其中 $c_1 = 3.7418 \times 10^{-16}$ $W \cdot m^2$,$c_2 = 1.4388 \times 10^{-2} m \cdot K$。

8.2.2.2 大气水汽含量的确定

本章中的大气水汽含量是根据文献[3]的方法,采用比值法确定的。该方法利用 MODIS 的近红外波段 2,17,18,19 四个波段的辐射率进行大气水汽反演,计算简单,使用方便。比值法使用 2 个波段的比值来表示吸收波段的大气透过率,其中波段 2 为水汽的非吸收带,波段 17,18,19 为水汽的强吸收带。定义如下比例 G_{17},G_{18} 和 G_{19}:

$$G_{17} = \frac{L_{17}}{L_2}$$

$$G_{18} = \frac{L_{18}}{L_2}$$

$$G_{19} = \frac{L_{19}}{L_2}$$

式中:L_i 是从 MODIS 第 2,17,18,19 波段求得的辐射率。

各水汽吸收波段的水汽值为:

$$W_{17} = 26.314 - 54.434G_{17} + 28.449G_{17}^2$$
$$W_{18} = 5.012 - 23.017G_{18} + 27.884G_{18}^2$$
$$W_{19} = 9.446 - 26.887G_{19} + 19.914G_{19}^2$$

式中:W_{17},W_{18},W_{19} 分别为 MODIS 第 17,18,19 波段的水汽值。各波段的水汽的吸收系数差异很大,因此,各波段在相同的大气环境中对水汽的敏感性有很大不同,如第 18 波段为水汽的强吸收波段,对于干燥的环境有很强的敏感性;第 17 波段为水汽的弱吸收波段,对湿润环境有很强的敏感性[7]。由于从上述三波段获得的吸收系数不同,水汽的敏感性不同,在给定的大气环境中,可以按如下公式做加权平均处理:

$$W = f_{17}W_{17} + f_{18}W_{18} + f_{19}W_{19} \tag{8-4}$$

式中:f_{17},f_{18},f_{19} 为权重系数,定义为:

$$fi = \frac{\eta i}{\sum \eta i}$$

$$\eta i = \frac{|\Delta \tau i|}{|\Delta W|} \quad (i = 17,18,19)$$

式中:ΔW 是水汽含量最大与最小的差值,$\Delta \tau i$ 是波段 i 的最大与最小透过率的差值[7]。因此,总的大气水汽含量为:

$$W = 0.192W_{17} + 0.453W_{18} + 0.355W_{19} \tag{8-5}$$

8.2.2.3 地表比辐射率的确定

地表比辐射率定义为物体在温度 T,波长 λ 处的辐射强度与同温、同波长下的黑体辐射强度的比值。在本章中,地表比辐射率的估算是根据文献[3]的方法,利用可见光和近红外波段进行的。在文献中作者将地表分为裸土、植被、混合像元三种不同类型,以此来反演地物比辐射率,同时按如下公式设置了 NDVI 阈值来区分纯裸土像元和纯植被像元,混合像元的值在裸土与植被之间。

①裸土像元：$NDVI < 0.2$

$$Emissivity(e) = 0.9825 - 0.051 \times band\ red$$

$$Emissivity\ difference(de) = -0.0001 - 0.041 \times band\ red$$

②混合像元：$0.2 \leqslant NDVI \leqslant 0.5$

$$Emissivity(e) = 0.971 + 0.018 \times Pv$$

$$Emissivity\ difference(de) = 0.006 \times (1 - P_v)$$

③植被像元：$NDVI \geqslant 0.5$

$$Emissivity(e) = 0.990$$

$$Emissivity\ difference(de) = 0$$

而水体的比辐射率的确定依赖于地表反照率：

④水体像元：$albedo < 0.035$

$$Emissivity(e) = 0.995$$

$$Emissivity\ difference(de) = 0$$

式中，$NDVI = \dfrac{nir - red}{nir + red}$，$nir$、$red$ 分别为大气校正后的 MODIS 第 1 和 2 波段的反射率；$P_v = \dfrac{(NDVI - NDVI_{min})^2}{(NDVI_{max} - NDVI_{min})^2}$，$NDVI_{max} = 0.5$，$NDVI_{min} = 0.2$。

8.2.2.4 地表反照率的确定

地表反照率定义为地表对入射的太阳辐射的反射通量与入射的太阳辐射通量的比值，是反射率对所有观测方向的积分。它决定了有多少辐射能被下垫面所吸收，因而是地表能量平衡研究中的一个重要参数。本章中地表反照率是根据文献[8]与文献[9]的方法按如下公式确定的：

$$albedo = 0.160 \times b_1 + 0.291 \times b_2 + 0.243 \times b_3 + 0.116 \times b_4 +$$
$$0.112 \times b_5 + 0.018 \times b_7 - 0.0015 \tag{8-6}$$

式中：$b_i(i = 1, 2, 3, 4, 5, 7)$ 为 MODIS 相应波段的经过大气校正的反射率。

8.2.2.5 地表温度反演的技术路线

本章中地表温度反演流程如图 8.2 所示。具体步骤如下：①各波段按 MODIS 1B USERS GUIDE[10]给出的如下公式进行定标。波段 1～7 定标为反射率，波段 2，17，18，19，31，32 定标为辐射率。

$$radiance = radiance\_scale \times (DN - radiance\_offset)$$

$$reflectance = reflectance\_scale \times (DN - reflectance\_offset)$$

式中：$radiance\_scale$、$radiance\_offset$、$reflectance\_scale$ 和 $reflectance\_offset$ 均可从图像属性中查得。②利用波段 31，32 的辐射率计算其亮度温度。③利用波段 2，17，18，19 的辐射率数据计算大气水汽含量。④对波段 1～7 的反射率数据进行大气校正[11]。⑤利用上步的结果计算地表反照率。⑥地表比辐射率的计算，同时计算出归一化植被指数（$NDVI$）、植被覆盖度（P_v）、地表辐射率差值（de）。⑦最后计算地表温度。

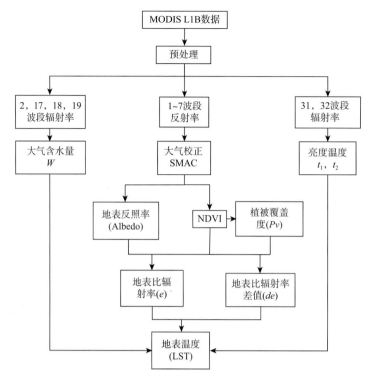

图 8.2　地表温度反演流程图

Fig. 8.2　Flowing chart of the retrieved LST

8.3　结果分析与讨论

8.3.1　地表温度的反演结果

采用上述算法,得到 2010 年 1—12 月共 12 个时次的拉萨市地表温度的反演结果,由于篇幅所限,其中 1 月 16 日、3 月 11 日、9 月 30 日、12 月 28 日反演的地表温度分布如彩图 6 所示。

8.3.2　反演地表温度空间分布

如彩图 6 所示,整体而言,拉萨市地表温度的反演结果具有明显的地带性特征,地表温度大致呈现出西部低、东部高,北部低、南部高的趋势,基本符合该区域气候特征[12,13]。研究区域的西北部为念青唐古拉雪山,平均海拔约 6000 m,主峰念青唐古拉峰海拔为 7111 m,以及研究区北部,念青唐古拉雪山北沿的纳木错湖,海拔 4718 m,地表温度的反演结果都明显小于其他地区。研究区南部的拉萨河谷,平均海拔 4000 m 左右,其地表温度的反演结果显然高于其他地区,反演温度大致位于 25～50℃ 区间内。另外,沿雪山边缘的地表温度差异明显较大,即图中西北部存在一条明显的东北—西南走向的温度界线。究其原因,可能是界限附近海拔陡降导致的地表温度急剧变化而造成的。对反演的地表温度与中科院提供的 DEM 数据进行相关性分析,如彩图 7 和图 8.3 所示。研究结果亦表明,地表温度与海拔具有显著的负相关性,相关系数 $R=-0.85$,即随着海拔的升高,地表温度呈下降趋势,递减率为 9.6℃/km,这与文献[14]的研究结果相符。

在不同日期的反演结果图像中，不论是拉萨市城关区，还是其他的县城，城市中心或者县城所在地的反演温度都要高于其周围地区，下垫面为水体或者草地的地区反演温度普遍不高。这种现象主要是由下垫面物理性质决定的[15]，即地表温度因土地类型热力性质而存在差异，同时也与城市热岛效应有一定的关系。例如，在反演的拉萨河流域温度分布可以看出拉萨河呈现为淡黄色，河两侧的颜色接近红色，说明水体温度低于河岸两侧温度。

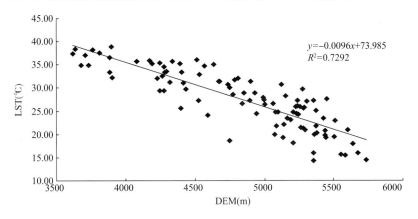

图 8.3 地表温度 LST 与 DEM 之间的关系

Fig. 8.3 The relationship between the retrieved LST and DEM

8.3.3 反演结果与 NASA 地表温度标准产品比较

NASA 公布的地表温度标准产品采用广义的劈窗算法[4]，通过精确测量大气中的水汽含量、大气下界温度、传感器高度角等变量建立了 MODIS 数据反演地表温度劈窗系数数据库，在反演时通过查表获取各方程系数，从而获得地表温度标准产品。经验证[17]，其反演结果在地形平坦且地物均一的地区，满足国际组织对地表温度反演精度小于 1K 的要求。所以本章将反演结果与 NASA 的地表温度产品进行对比验证，从而可以判断反演方法的可行性。从 NASA 提供的地表温度标准产品中选取可用的 1 月 16 日、3 月 11 日的图像数据与反演结果进行对比。选取的 NASA 地表温度产品如彩图 8 所示，图中数据缺失的地方是 NASA 经过云检测处理后产生的掩膜区域。

将彩图 6 与彩图 8 比较，可以看出在地表温度的空间分布上，地表温度的反演结果与 NASA 地表温度标准产品基本一致。但在数值上，反演结果比 NASA 产品整体偏高。为了进一步检验反演结果，在反演结果与 NASA 标准两图中分别随机选取同样的 100 个点作为随机样点，再对各点温度值进行统计比较(图 8.4)。结果表明，1 月 16 日、3 月 11 日的反演结果与 NASA 产品有很高的相关性，1 月 16 日的相关系数 $R=0.92$，3 月 11 日的相关系数 $R=0.87$，两者平均相关系数为 0.89，均方根误差(RMSE)分别为 8.01℃、9.17℃。就整幅图像而言，绝对误差的平均值分别为 8.25℃、8.44℃，均方根误差分别为 8.56℃、9.11℃，反演结果比 NASA 标准产品整体偏高 8.84℃左右。说明本研究所采用的地表温度反演方法是可行的。

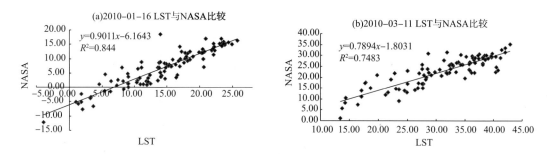

图 8.4　反演结果与 NASA 地表温度标准产品相关性分析

Fig. 8.4　Correlation between the retrieved LST and NASA LST products

8.3.4　反演结果与实测温度的比较

为了验证反演结果的准确性,这里采用实测数据对反演结果进行了对比验证,结果如图 8.5 所示。由图可见,各站点的实测值与反演结果总体变化趋势较为吻合。以曲水站为例,反演结果 LST 与实测值均在 6 月份左右达到最大值,并逐渐下降,在 12 月份左右达到最小值,且在 5 月份附近出现一次低谷。

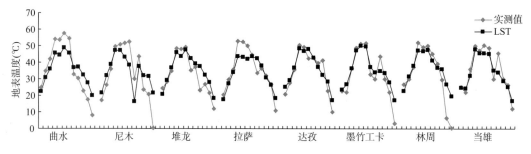

图 8.5　反演结果 LST 与实测地表温度对比

Fig. 8.5　The retrieved LST and the measured surface temperature

对反演结果的统计分析发现,各站的反演结果与实测地表温度相关性良好(表 8.3),相关系数最大为墨竹工卡站($R=0.96$),最小为尼木站($R=0.8$)。绝对误差最大值出现在尼木站,为 8.47℃,最小为当雄站(3.55℃)。与全部自动站的实测值相比(图 8.6),相关系数 $R=0.89$,平均绝对误差为 5.39℃,RMSE 为 6.97℃。

表 8.3　反演结果与实测地表温度统计分析

Table 8.3　Statistical analysis between the retrieved LST and the measured temperature

	曲水	尼木	堆龙德庆	拉萨	达孜	墨竹工卡	林周	当雄	全部站
相关系数	0.93	0.8	0.89	0.91	0.91	0.96	0.87	0.95	0.89
绝对误差	7.51	8.47	4.75	4.47	3.74	4.23	6.36	3.55	5.39
RMSE	8	10.02	5.96	5.68	4.57	5.63	9.17	4.56	6.97

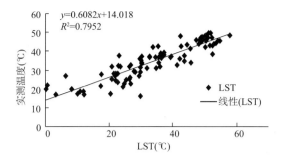

图 8.6　所有站点反演结果 LST 与实测地表温度之间的关系

Fig. 8.6　The relationship between the retrieved LST and the measured

surface temperature of all meteorological stations

从图 8.7 可以看出,本研究反演结果与 NASA 标准产品相比更接近实测地表温度,说明该算法的反演精度较高,而且相对于 NASA 标准产品的反演方法而言,本章采用的方法因参数简单、操作方便等优势更具有实用性。

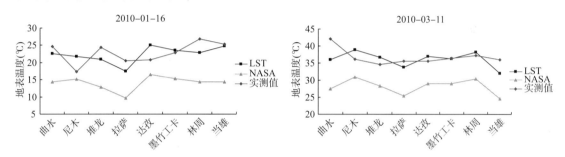

图 8.7　LST、NASA 标准产品与实测地表温度的比较

Fig. 8.7　Comparison between the retrieved LST, NASA LST

products and and the measured surface temperature

8.4　结论

本章在调整 Sobrino 算法的基础上,利用覆盖拉萨市的 2010 年 1—12 月 12 景 MODIS L1B 影像,反演了地表温度,并利用自动气象观测站实测地表温度对反演结果进行了验证,同时与 NASA 地表温度标准产品进行了对比分析。主要研究结果如下。

(1)拉萨市地表温度具有明显的地带性特征,地表温度大致呈现出西部低、东部高,北部低、南部高的特点。

(2)地表温度与海拔高度具有显著的负相关性,相关系数为 -0.85,即随着海拔的升高,地表温度越呈下降趋势,下降率为 $9.6℃/km$。

(3)本章对地表温度反演结果整体要高于 NASA 标准产品,与实测地表温度的相关系数为 0.89,且更接近于实测温度。

(4)与 NASA 地表温度标准产品算法相比,本章方法在反演地表温度方面具有参数少、操作方便、精度高等优点。在未来的研究中,仍需要对本方法做深入研究,通过调整中间参数等途径来进一步提高地表温度反演精度。

参考文献

[1] 柯灵红,王正兴,宋春桥,等.青藏高原东北部 MODIS 地表温度重建及其与气温对比分析[J].高原气象, 2011,**30**(2):277-287.

[2] 武坚,孟宪红,吕世华,等.基于 MODIS 数据的金塔绿洲地表温度反演[J].高原气象,2009,**28**(3), 523-529.

[3] Sobrino J A,and Kharraz EL J. Surface temperature and vapor retrieval from MODIS data [J]. *Int. J. of Remote Sensing*,2003,**24**(24):5161-5182.

[4] Wan Z,Dozier J. A generalized split-window algorithm for retrieving land-surface temperature from space [J]. *IEEE Transactions on Geosciences and Remote Sensing*,1996,**34**(4):892-905.

[5] 覃志豪,高懋芳,秦晓敏,等.农业旱灾检测中的地表温度遥感反演方法——以 MODIS 数据为例[J].自然灾害学报,2005,**14**(3):64-71.

[6] 西藏自治区统计局.西藏自治区统计年鉴[M].拉萨:西藏人民出版社,2002:160-161.

[7] KAUFMAN Y J,and GAO B C. Remote sensing of water vapour in the near IR from EOS/MODIS[J]. *IEEE Transactions on Geoscience and Remote Sensing*,1992,**30**:1-27.

[8] Liang S. Narrowband to broadband conversions of land surface Albedo I:Algorithms[J]. *Remote Sens. Environment*,2001,**76**(2):213-238.

[9] Liang S,Chad J S,Russ A L,*et al.* Narrowband to broadband conversions of land surface Albedo:II Validation[J]. *Remote Sens. Environment*,2002,**84**:25-41.

[10] MODIS Characterization Support Team. MODIS Level 1B Product User's Guide Version 4. 3. 0(Terra) [C]. 2003.

[11] Rahman H,and Dedieu G. SMAC:A simplified method for the atmospheric correction of satellite measurements in the solar spectrum[J]. *Int. J. Remote Sensing*,1994,**15**(1):123-143.

[12] Zhuo Ga,YunDan NiMa,Jian Jun,PuBu CiRen. Characteristcs of urban heat island effect in Lhasa City [J]. *Sciences in Cold and Arid Regions*,2011,**3**(1):70-77.

[13] 马伟强,马耀明,仲雷,等.利用 ASTER 数据估算西藏一江两河地区地表特征参数[J].高原气象,2010, V**29**(5):1351-1355.

[14] 李栋梁,等.青藏高原地表温度的变化分析[J].高原气象,2005,**24**(3):291-298.

[15] 徐霞,等.基于 ETM+数据的新疆于田地区地表温度反演研究[J].新疆农业科学,2008,**45**(3):547-552.

[16] Wan Zhengming,*et al.* Validation of the land-surface temperature products retrieved from Terra Moderate Resolution Imaging Spectroradiometer data [J]. *Remote Sensing of Environment*,2002,**83**:163.

[17] 张仁华.定量热红外遥感模型及地面实验基础[M].北京:科学出版社,2009.

Retrieval Methods of Land Surface Temperature in the Central Tibetan Plateau

Abstract: In this study,the land surface temperature(LST)of Lhasa area,located in the central Tibetan Plateau, is retrieved with MODIS L1B image data based on the Split-Window techniques. 12 monthly data covering the period from January to December in 2010 are used in this study. The retrieved LST is systematically analyzed and validated, and detailed comparisons between the retrieved LST and the in-situ observation data as well as NASA MODIS LST standard product are studied. It is found that the correlation coefficient of the retrieved LST and in-situ observation data is 0. 89 and RMSE(Root Mean Square Error)is 6. 97℃. Compared with NASA MODIS LST standard products, the retrieved LST based on the algorithm used in this study has higher accuracy.

Keywords:land surface temperature;Sobrino algorithms;MODIS;Lhasa;Tibet

第9章　地表反照率反演方法

【摘　要】 本章利用藏北高原那曲地区反照率地面观测资料分析了其日内、月均和季节变化特点,在此基础上,与同期的 MODIS/Terra 反演结果进行了对比分析。结果表明,藏北那曲地区晴天地表反照率日内变化明显,主要表现为早晚高、变幅大、中午低、变幅小的"U"形变化特点。早晨太阳高度角低,反照率高,日内随着太阳高度角的增加而反照率逐渐降低,14:00—15:00 反照率达到日内最小值,之后随着太阳高度角的降低,反照率上升明显。夏季日内最高反照率出现在 08:00,其他季节则基本上在18:00。太阳高度角同样是影响地表反照率季节性变化的主要原因,两者呈极显著的反相关关系,相关系数为 −0.91。冬季平均地表反照率最高,为 0.28,其次是春、秋两季,平均为 0.23,夏季最低,为 0.19。MODIS/Terra 在 12:00 左右过境时反演的地表反照率与地面观测值之间存在很好的一致性,两者平均值都为 0.22,相对误差为 9.60%,绝对误差和均方根误差(RMSE)均为 0.02;而在 13:00 左右过境时,卫星反演值较观测值存在系统性偏小特点,平均偏小 14.29%,相对误差为 16.45%,绝对误差 0.04,均方根误差 0.05。此外,MODIS 反演的地表反照率比地面观测值日际波动大。若不考虑积雪,冬、夏两季地表反照率的空间差异小,而春、秋两季空间差异较大,这主要与研究区地面植被类型及其季节性空间分布特征有关。

【关键词】 地表反照率　地面观测　MODIS　藏北那曲

太阳辐射是地球能量的主要来源,是地球表层进行各种物理过程和生物过程的基本动力。太阳辐射能通过对地面的加热使地面升温,再通过地面发射长波辐射及释放感热和潜热将能量传递给大气,成为大气运动的主要动力来源[1]。地表反照率(Albedo)定义为地表向各个方向反射的全部光通量与总入射光通量的比,反映了地球表面对太阳辐射的反射能力,是影响地表能量收支的决定性因素,其数值大小的变化直接影响大气运动的能量收支,成为局地、区域甚至全球气候变化的主要驱动因素[2]。

地表反照率主要受下垫面物理状况(覆盖类型、粗糙度、土壤颜色、湿度、地形等)、入射辐射光谱分布和太阳天顶角等因素的影响,其时空分布各向异性,并随时间而发生变化。准确测定地表反照率是研究地表能量和水分平衡中的一项重要工作。常规的地面观测方法是使用辐射表,计算地面向上的半球反射辐射与向下的太阳直接辐射和大气对太阳光的漫射辐射的比值得到地表反照率。近年来,随着遥感对地观测和信息处理技术的迅速发展,利用遥感技术反演地表反照率已被证明是一种行之有效的科学方法,从局地、区域到全球反照率获取得到了广泛的应用。

青藏高原因其特殊的动力和热力作用,不仅对我国东部地区气候变化有巨大影响,对亚洲季风的形成与演化及全球气候变化具有十分重要的作用[3,4]。在国内,相比其他地区,在青藏高原有关反照率的研究不仅起步早,成果相对较多。早在20世纪60年代陈隆勋等[5,6]就针对青藏高原地表反照率分布进行了分析计算。从1979年第一次青藏高原大气科学试验[7]及以后多次的国际合作高原试验,中外科学家针对高原地表反照率的时空变化特征做了大量研究[8,9]。徐兴奎等[10]根据植被状态分别采用RossThick核、RossThin核和修正的Walthall模型,用AVHRR数据对青藏高原地区的月平均地表反照率进行了反演研究。近年来,肖瑶等[11]利用青藏高原冰冻圈观测研究站西大滩、五道梁和唐古拉自动气象站辐射观测资料,分析了藏北高原多年冻土区不同下垫面的地表反照率特征。目前,MODIS等遥感信息在反照率研究中的应用和验证越来越多。余予等利用MODIS数据计算了实际大气条件下那曲纳木错地区地表反照率的卫星反演值,并与地面观测值进行对比分析,结果显示,两者没有显著差别,可以满足气候模式对地表反照率的精度要求[12]。陈爱军等[13]利用MODIS/Terra 500 m分辨率数据,对青藏高原地区的地表反照率进行了反演研究,结果与当地的地表覆盖类型和地形具有较好的一致性。本章利用中科院那曲站2007年逐小时地面反照率观测资料,系统分析了藏北典型高寒草甸地区反照率随时间的变化规律,在此基础上,与MODIS反演结果进行了对比验证。

9.1 观测站点和资料介绍

9.1.1 观测站点

地面反照率观测数据由中国科学院寒区旱区环境与工程研究所那曲高寒气候环境观测研究站(简称中科院那曲站)提供。该站位于那曲县罗玛镇(91°54′E,31°23′N,海拔4509 m),是观测和研究青藏高原天气气候变化、水资源利用、生态环境保护和人类活动影响为主要目的的综合性科研平台[14]。观测点地形宽阔、平坦,下垫面为典型的藏北高寒草甸。反照率观测仪器是荷兰Kipp&Zonen公司的四分量净辐射仪(CNR-1),其短波辐射的波段范围在$0.305 \sim 2.80$ m,灵敏度为$10 \sim 35$ μV·W^{-1}·m^{-2},长波辐射的波段范围是$5 \sim 42$ μm,灵敏度是$5 \sim 18$ μV·W^{-1}·m^{-2},可以在$-40 \sim +80$℃环境下工作。由于该站没有云量观测数据,为此采用了位于该站东北18 km的那曲气象站(92°4′E,31°29′N,海拔4507 m)逐日云量资料。

中科院那曲站和那曲气象站所在地区位于念青唐古拉山和唐古拉山两大山脉之间,属高原亚寒带半干旱季风型气候,其特点是气温低、空气稀薄、大气干洁、太阳辐射强、日温差大。根据那曲气象站资料,年平均气温-1.5℃,平均气温日较差16.1℃。1月平均气温-13.2℃,7月平均气温9.0℃,年日照时数2846.9 h,年平均降水量421.9 mm,年平均蒸发量1690.7 mm,平均相对湿度54%,7—9月为植被生长期,主要类型是高寒草甸和高寒草原。图9.1给出了中科院那曲站和那曲气象站地理位置及研究区主要地表类型。

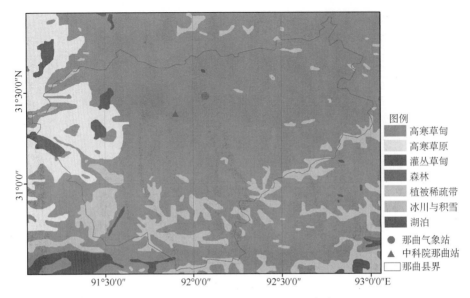

图 9.1　观测站位置及研究区主要地表类型

Fig. 9.1　The geographic location of Nagqu Station of Plateau Climate and Environment of CAS and Nagqu Meteorological Station of CMA with main land cover types in the study area

9.1.2　地面观测资料

地面观测数据是中科院那曲站 2007 年 1—12 月白天北京时逐小时正点时刻的反照率数据和那曲气象站逐日云量资料。首先，根据那曲气象站的云量资料选取云量小于 2 的反照率数据，再与 MODIS 数据进行对比，如果 MODIS 图像也为晴天，则认为中科院那曲站辐射观测资料为晴天的观测数据。为了反照率观测资料与 MODIS 卫星反演值进行对比和验证，采用了每月 3 d 连续的晴天观测资料。需要指出的是，冬季 12 月 08:00—09:00 时反照率观测值存在突然下降，这是由于 08:00 时还没有太阳光照射导致的。从观测数据来看，冬季 12 月 25—27 日 08:00 时的短波向下和向上辐射值都为负值。09:00 时太阳刚出现，开始有太阳短波辐射，但此时太阳短波辐射很弱，这 3 d 的值分别为 7.65,6.88 和 6.86 W·m^{-2}，对应的短波向上反射辐射分别是 0.51,0.87 和 1.13 W·m^{-2}。由此出现了 08:00 时反照率很高和 09:00 时反照率很低的情况。因此，冬季反照率是从 10:00 开始计算的。此外，日出前后的余光辐射、余光反射辐射及散射辐射较小，但影响地面短波反射辐射，为了减少这些影响，计算时只选择总太阳短波辐射大于 30 W·m^{-2} 的观测数据。如果地面有积雪覆盖，反照率可能会很大，所以积雪反照率单独予以计算和对比。

9.1.3　遥感资料

MODIS 传感器是一个中分辨率被动成像的辐射计，搭载在 Terra 和 Aqua 极地轨道环境卫星平台上，带有 490 个探测器，36 个波段，覆盖了可见光到热红外波段(0.400～14.000 μm)，其数据具有很高的信噪比，量化等级为 12 bit，提供空间分辨率分别为 250 m、500 m 和 1 km 的图像数据，可以满足海洋、陆地和大气等多学科的观测需求。此外，MODIS 还提供很多种不同级别的产品以满足地球科学应用的不同需要。

本章采用了从美国地质调查局(USGS)地球资源观测和科学中心(EROS)NASA MO-DIS陆地产品分发中心(https://lpdaac.usgs.gov)下载的2007年全年MOD09 GA产品。MOD09 GA产品是分辨率为500 m和1000 m的MODIS/Terra全球逐日地表反射率数据集,已对大气气体和气溶胶的影响做了校正。MOD09 GA投影方式为正弦曲线投影,数据格式为EOS-HDF,包括500 m分辨率的反射率值和1 km的观测和几何定位统计信息,其中500 m科学数据集包括波段1~7的反射率、质量分级、观测范围、观测数量和250 m的扫描信息;1 km科学数据集包括观测数量、质量状态、传感器高度、太阳高度、几何定位标记和轨道指针等。存储方式为16位的整型数据,值的范围在-100~16000,乘以0.0001的比例系数可以得到实际反射率值。本章采用了2007年1—12月每天的1~7波段500 m反射率、1 km太阳高度角和方位角等数据,研究区在全球正弦曲线投影系统中编号为h25 v05。

MOD09 GA图像处理过程是,首先利用MRT(MODIS Reprojection Tools)软件将下载的MOD09 GA数据从HDF格式转化为GeoTiff格式,其正弦曲线投影系统转为Geographic投影系统,之后根据MODIS短波反照率计算公式计算研究区域晴天时刻的地面反照率,在此基础上,与中科院那曲站的实测反照率做了对比分析。

9.2 研究方法

遥感数据是不连续波段光谱辐射能量的反映。从不连续的单波段反射率估算可见光到中红外连续光谱范围的反照率,一般是对不同波段反射率赋予不同的权重进行组合[15]。NOAA AVHRR资料最早应用地表反照率反演及其时空分布。由于MODIS较高的时间和空间分辨率,较为精确的地理定位精度和可见光、近红外通道的星上校准系统以及较为精确的云检测,加上较新的卫星观测及处理方法,为提高地表反照率精度提供了条件[16]。全球范围内精度检验表明,MODIS地表反照率绝对误差在±0.02左右,相对误差约为10%,能够达到气候模式对地表反照率精度的要求[17]。

MODIS窄波段反照率向宽波段的转换采用了Liang[18]发展的算法,包括短波反照率α_{short}($0.25\sim2.5\ \mu m$)、可见光反照率$\alpha_{visible}$($0.4\sim0.7\ \mu m$)和近红外反照率α_{nearIR}($0.7\sim2.5\ \mu m$)三个宽波段反照率。转换公式分别如下:

$$\alpha_{short-MODIS} = 0.160\alpha_1 + 0.291\alpha_2 + 0.243\alpha_3 + 0.116\alpha_4 + 0.112\alpha_5 + 0.081\alpha_7 - 0.0015 \tag{9-1}$$

$$\alpha_{visible-MODIS} = 0.331\alpha_1 + 0.424\alpha_3 + 0.246\alpha_4 \tag{9-2}$$

$$\alpha_{nearIR-MODIS} = 0.039\alpha_1 + 0.504\alpha_2 - 0.071\alpha_3 + 0.105\alpha_4 + 0.252\alpha_5 + 0.069\alpha_6 - 0.101\alpha_7 \tag{9-3}$$

式中:$\alpha_1\sim\alpha_7$分别表示MODIS波段1~7的反射率值。

MOD09 GA提供了空间分辨率为500 m的MODIS 1~7通道逐日反射率数据,已经过大气、气溶胶和薄卷云校正及数据融合处理。所以,直接应用公式(9-1)可以计算MODIS宽带短波反照率。

9.3 地面观测的反照率变化

9.3.1 晴天反照率的季节变化特点

2007 年四季中选取 4 个月每月连续 3 d 的实测数据对藏北高原的反照率季节变化进行了分析。图 9.2 给出了冬季 1 月 18—20 日、春季 4 月 17—19 日、夏季 7 月 21—23 日和秋季 10 月 26—28 日晴天逐小时正点反照率变化趋势。1 月 18 日 10:00—11:00 时反照率略显上升，之后至 15:00 进入了平缓减少的阶段，但是减幅和波动很小，值大小都在 0.25~0.27。15:00 时出现日均最低值，为 0.25，此时也是反照率变化的一个转折点，之后至 18:00 是明显上升的阶段，增幅为 0.05/h，18:00 时达到了日内最大值，3 d 此时的反照率和均值均为 0.36。3 d 逐日整点的反照率在 0.24~0.36，平均为 0.28，标准偏差为 0.04。4 月 17—19 日 08:00 至 18:00 反照率表现为早晚高中午低的变化特点，08:00 的反照率都在 0.24 以上，随后太阳高度角的加大，到 09:00 有个明显下降的趋势，而后至 15:00 下降过程平稳，下降幅度不大，反照率均在 0.21~0.23。日内的最小值出现在 15:00，日值和均值都为 0.21，此后至 18:00 由于太阳高度角的降低，反照率有个明显增加的态势，增加幅度为 0.02/h。3 d 晴天平均反照率是 0.23，标准偏差为 0.01。可见，春季 4 月晴天反照率日内波动要小于 1 月。

7 月 21 至 23 日 08:00 至 18:00 晴天反照率总体变化特点是早晚高，变化显著，中午低，变化平稳。日内最大值出现在 08:00，3 d 08:00 的值分别为 0.24、0.21 和 0.27，平均为 0.24，之后随着太阳高度角的增大，反照率在减少，直至 15:00 达到日内最小值，这一减少趋势在 08:00—11:00 明显，而 11:00—15:00 减少不是很明显，减幅很小，所有的反照率值都在 0.16~0.18。反照率在 15:00 达到日内最小值之后，跟随太阳高度角减少，至 18:00 反照率呈明显增加趋势，而且增加的速率要高于早晨至中午的减少幅度。3 d 的平均值为 0.19，标准偏差为 0.02，由此可以看出，日内逐小时正点观测的反照率存在早晚高、中午低、午间变幅较小的特点。

10 月 26 日至 28 日 09:00—18:00 反照率变化特点同样是早晚高、中午低，且中午时段变幅小。具体而言，09:00—14:00 这个时段是日内反照率逐渐下降的阶段，但减幅较小，为 0.01/h。14:00 反照率达到日内最低值，也是日内反照率变化的一个转折点。此后随着太阳高度角的减少，反照率上升趋势非常显著，增幅达 0.04/h，该增幅明显大于上午至中午时段的减少幅度。10 月份日内的反照率最大值不像 9 月一样出现在 09:00，而出现在午后的 18:00，范围在 0.32~0.34，平均为 0.33。26—27 日 3 d 晴天逐小时正点反照率值范围在 0.20~0.34，平均值为 0.24，标准偏差 0.04。

因此，藏北高原晴天反照率的变化特点是日内变化明显，主要表现为早晚高、变幅大、中午低、变幅小的"U"变化特点。从季节变化来看，冬季日均反照率和午后变幅最大，2007 年 1 月 18—20 日平均值是 0.28，午后增幅为 0.05/h，其次是秋季，10 月 26—28 日平均反照率和增幅是 0.24 和 0.04/h，再次是春季，4 月 17—19 日均值和变幅分别是 0.23 和 0.02/h，而夏季反照率最低，7 月 21—23 日平均值是 0.19，而午后随着高度角的减少反照率的增幅与春季基本一致，增幅为 0.02/h。从标准偏差的大小同样表明，冬季和秋季的反照率的日内变幅要大于春季和夏季。此外，从图 9.2 中非常直观地可以看出，秋季和夏季的反照率日内"U"形变化特点更为明显。冬季和秋季 15:00—18:00 时之间随着高度角的降低,反照率增幅非常明显,增幅分别是 0.05/h 和 0.04/h。

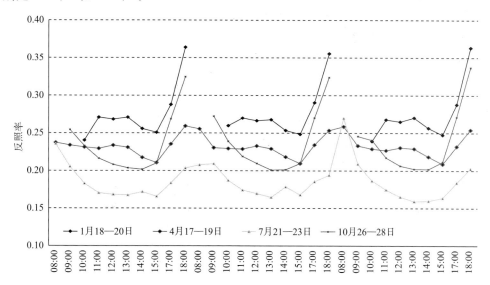

图 9.2 2007 年 1 月 18—20 日、4 月 17—19 日、7 月 21—23 日和 10 月 26—28 日晴天逐小时反照率变化

Fig. 9.2 Hourly albedo under clear sky in Nagqu Station of CAS from 18 to 20 in January,

17 to 19 in April,21 to 23 in July and 26 to 28 in October in 2007

9.3.2 月均反照率变化与太阳高度角的关系

2007 年每月连续 3 d 晴天反照率平均之后可以获得月均反照率,结果见图 9.3。其变化趋势主要体现在冬季反照率高,夏季反照率低,春秋季介于其中,基本上呈"V"字形变化特点。具体而言,1 月晴天反照率为 0.28,为月均最高,之后随着太阳高度角的增大,反照率呈减少趋

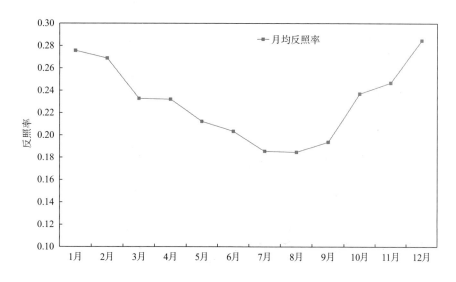

图 9.3 2007 年月均晴天反照率变化趋势

Fig. 9.3 Monthly albedo under clear sky in 2007

势,2月反照率为0.27,3月降至0.23,8月达到年内月均反照率最低值,为0.18。此后,随着太阳高度角的降低,反照率又进入了逐渐增加的阶段,9月反照率为0.19,与夏季的7月相同,之后反照率有一个明显的增加趋势,至12月达到0.28,为年内月均最大值,与1月大小相同。可见,月均反照率变化趋势存在一个"V"字形的对称变化特点。从季节来看,冬季3个月反照率高,为0.27~0.28,平均为0.28,春季为0.23,夏季在0.18~0.20,均值为0.19,为四季中最低,秋季在0.19~0.25,变幅较春季大,但是平均而言,与春季一样,为0.23。

地表反照率表征的是地球表面对太阳辐射的反射能力,主要受下垫面覆盖类型、粗糙度、土壤特性、地形、入射光谱以及太阳高度角的影响。对于某一个特定的区域或观测站点来说,下垫面覆盖类型、粗糙程度、土壤特性及地形是相对稳定的,太阳的入射光谱也在短时间内不会有大的变化,因而太阳高度角是造成地表反照率季节性变化的主要原因。月均反照率和对

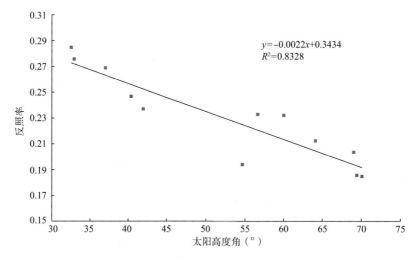

图 9.4　月均反照率与太阳高度角的关系

Fig. 9.4　The relationship between monthly albedo and solar elevation angle

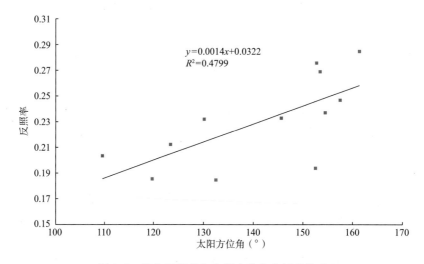

图 9.5　月均反照率与太阳方位角之间的关系

Fig. 9.5　The relationship between monthly albedo and solar azimuth angle

应的太阳高度角之间呈极显著的线性关系,相关系数 $R = -0.91$(图 9.4)。可见,对本观测点来说,太阳高度角是影响地表反照率年内变化的主要原因。1 月和 12 月太阳高度角在年内最低,相应反照率达到年内最大,随着太阳高度角的逐渐增加,反照率呈现逐渐减少趋势,至 8 月太阳高度角年内最大,此时反照率随之达到年内最低值。从 8 月开始,太阳高度角进入了降低的时段,反照率也随之有逐渐增加的趋势,直至 12 月太阳高度角与 1 月相当,反照率大小也基本一致。在此基础上,月均反照率与太阳方位角之间进行了相关分析,见图 9.5。结果表明,两者关系呈正相关关系,线性相关系数为 0.69。可见,反照率随着太阳方位角的增加而增加,冬季太阳方位角大,反照率也大,夏季太阳方位角小,反照率也小。

9.4　MODIS 反照率反演值验证

MOD09 GA 1~7 通道逐日反射率数据代入公式(9-1)可以计算 MODIS 反演的宽带短波反照率,再根据中科院那曲站的 GPS 点在 ENVI 图像处理软件中读取卫星每日过顶观测点时刻的反照率值。由于 Terra 卫星每日过顶测站的时间上存在差异,如果卫星星下点正好在测站时轨道扫描过境时间为 12:35—12:45;如果卫星星下点不在测站时,对测站位置而言,卫星图像就有两幅,第一幅轨道的过境时间是 11:05—12:30,第二幅轨道过境时间是 12:50—14:15。所以,MODIS/Terra 两幅轨道过顶观测点时间上存在 1 小时 45 分钟的差异,其反照率反演结果上存在差异。为此,11:05—12:30 和 12:50—14:15 Terra 卫星过顶观测点时,MODIS 反演值分别与 12:00 和 13:00 时地面观测的反照率进行了对比。

图 9.6 给出了 2007 年每月连续 3 d 晴天时,MODIS 在 12:00 左右过顶时反演的反照率与对应的地面观测值。可以看出,总体上两者的变化趋势一致,1—8 月由于太阳高度角的增大,反照率呈减少趋势。8 月达到年内最小值,其后太阳高度角进入了降低阶段,随之反照率有明显增加的态势。两者存在显著的线性关系,相关系数 $R = 0.70$,平均值均为 0.22。但是,观测值的变化相对平缓,波动较小,而卫星反演值波动较大,有些隔日的反照率值存在跳动较大的特点,主要可能是由于 MODIS 过顶测站时间不是地面观测那样在 12:00 整,而是在 12:00 左右,有的存在前后 30 min 的时间差异导致的。相对误差为 9.60%,绝对误差和均方根误差(RMSE)均为 0.02。总体上,MODIS Liang[18]算法在卫星 12:00 左右过顶时,MODIS 反照率与地面观测值之间存在很好的相关关系,均值也一致。卫星反演的结果基本能够满足区域反照率的估算和反演。

图 9.7 给出了 2007 年每月 3 d 连续晴天时,Terra 卫星在 13:00 左右过顶测站时 MODIS 反照率与对应的地面观测值之间的关系。两者总体上变化趋势一致,1—8 月是反照率减少时段,之后随着太阳高度角的减少,反照率呈增加的态势。与前述卫星 12:00 过顶测站不同的是,13:00 卫星反演值均小于地面观测值,两者的平均值分别为 0.18 和 0.21,卫星反演值平均偏小 14.29%。两者相关系数 $R = 0.60$,也小于 12:00 时刻的相关系数。可见,晴天时 13:00 左右根据 Liang[18]算法反演的 MODIS 反照率相比地面观测值存在系统性偏小,平均偏小 14.29%。

由此可见,根据 MODIS Liang[18]算法反演的反照率与地面观测之间在 12:00 左右一致性较好,较好地反映了地面真实的反照率,而在 13:00 该算法反演误差较大,与地面观测值相比,卫星反演值平均偏小 14.29%。所以,卫星在 13:00 左右过境时对 MODIS 反演的反照率需要做进一步的误差订正,从而更好地反映地表的实际反照率。具体方法是在 Liang 的算法中加上卫星反演值误差均值就可以实现上述目的。因此,Terra 卫星在 13:00 左右过境时,MODIS Liang 的反照率算法可以修改如下。

$$\alpha_{short-MODIS} = 0.160\alpha_1 + 0.291\alpha_2 + 0.243\alpha_3 + 0.116\alpha_4 + 0.112\alpha_5 + 0.081\alpha_7 + 0.0575$$

$$(9-4)$$

最后根据公式(9-1)和改进的公式(9-4)计算了藏北那曲不同季节反照率的空间分布(彩

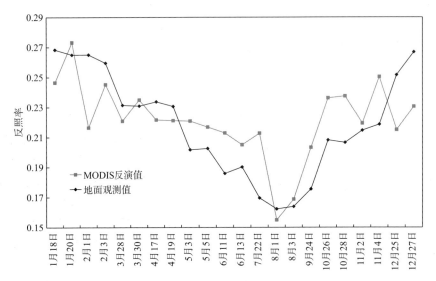

图 9.6　2007 年 1—12 月 12:00 时晴天 MODIS 反演与地面观测反照率变化趋势

Fig. 9.6　The albedo derived from MODIS and the ground observation under clear sky at around 12:00 crossing time from January to December,2007

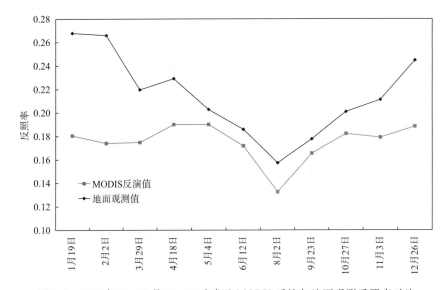

图 9.7　2007 年 1—12 月 13:00 时晴天 MODIS 反演与地面观测反照率对比

Fig. 9.7　The albedo derived from MODIS and the ground observation under clear sky at around 13:00 crossing time from January to December,2007

图9），其中代表夏季的2007年7月23日有碎云分布之外，其他3张都为晴空图像。研究区晴空地表反照率最大值出现在积雪表面，湖泊的反照率最小，高寒草甸等植被覆盖区域反照率介于其中。从图中可以看出，在不考虑地表积雪的情况下，冬季和夏季地表反照率的空间差异小；而春季和秋季空间差异较大，主要表现在东部和南部植被长势较好的地方地表反照率较小，而西部和北部植被长势较差的地段反照率相对较大，存在东南部到西北部反照率增大的特点。

9.5　结论

（1）总体上，日内地表反照率呈早晚大且变幅大，中午小且变幅小的"U"形变化特点。早晨太阳高度角低，反照率高，随着太阳高度角的增加而反照率逐渐降低，14:00—15:00反照率达到日内最小值，之后随着太阳高度角的降低，反照率有明显的增加。

（2）由于观测点所在的地理位置和年内太阳高度角的变化，不同季节在日内变化存在一定的差异。对那曲地区而言，四季中秋季和夏季的日内地表反照率为典型的"U"形变化特点，春季的"U"形变化特点没有这两个季节那样明显，冬季早晨的反照率则没有其他季节那样明显的变幅。夏季日内最高反照率出现在08:00，其他季节则基本上在午后18:00。从季节性而言，冬季3个月反照率高，在0.27～0.28，平均为0.28；春季平均为0.23，夏季在0.18～0.20，均值为0.19，四季中最低；秋季为0.19～0.25，其变幅较春季大，但是平均而言，与春季一样，为0.23。

（3）太阳高度角是影响地表反照率季节性变化的主要原因。反照率随着太阳高度角的增加而降低，两者呈极显著的反相关关系，相关系数为−0.91；与太阳方位角的关系是正相关。

（4）MODIS在12:00左右过境时，其反演的反照率与地面观测值之间有很好的一致性，能够较好地反映地面真实的反照率；而在13:00左右过境时，反演误差相对较大，与地面观测值相比存在系统性偏小，平均偏小为14.29%。在不考虑积雪的情况下，冬季和夏季地表反照率的空间差异小，而春秋两季空间差异较大，主要与研究区地面植被类型及其季节性空间分布特征有关。

参考文献

［1］王艺,朱彬,刘煜,等.中国地区近10年地表反照率变化趋势［J］.气象科技,2011,**39**(2):147-155.

［2］王鸽,韩琳.地表反照率研究进展［J］.高原山地气象研究,2010,**30**(2),79-83.

［3］叶笃正,高由禧.青藏高原气象学［M］.北京:科学出版社,1979.

［4］章基嘉,朱抱真,朱福康,等.青藏高原气象学进展［M］.北京:科学出版社,1988.

［5］陈隆勋,龚知本,陈嘉滨.东亚地区大气辐射能收支(一)［J］.气象学报,1964,**34**(2):146-161.

［6］陈隆勋,龚知本,陈嘉滨.东亚地区大气辐射能收支(三)［J］.气象学报,1965,**35**(2):6-17.

［7］谢贤群.青藏高原1979年5—8月的地表反照率［C］//青藏高原科学实验文集(二).北京:科学出版社,1984:17-23.

［8］王介民.陆面过程实验和地气相互作用研究—从HEIFE到IMGRASS和GAME-Tibet/TIPEX［J］.高原气象,1999,**18**(3):280-294.

［9］马耀明,姚檀栋,王介民.青藏高原能量和水循环试验研究—GAME/Tibet与CAMP/Tibet研究进展［J］.

高原气象,2006,**25**(2):344-351.

[10] 徐兴奎,林朝晖.青藏高原地表月平均反照率的遥感反演[J].高原气象,2002,**21**(3):233-237.

[11] 肖瑶,赵林,李韧,等.藏北高原多年冻土区地表反照率特征分析[J].冰川冻土,2010,**32**(3):480-488.

[12] 余予,陈洪滨,夏祥鳌,等.青藏高原纳木错站地表反照率观测与 MODIS 资料的对比分析[J].高原气象,
2010,**29**(2):261-267.

[13] 陈爱军,卞林根,刘玉洁,等.应用 MODIS 数据反演青藏高原地区地表反照率[J].南京气象学院学报,
2009,**32**(2):222-229.

[14] Ma Y,Kang S,Zhu L,*et al*. Tibetan observation and research platform:Atmosphere-land interaction over
a heterogeneous landscape [J]. *BAMS*,2008,1487-1492.

[15] Russell M J,Nunez M,Chladil M A,*et al*. Conversion of Nadir,narrow band reflectance in red and near
infrared channel to hemispherical surface albedo[J].*Remote Sensing of Environment*,1997,**61**:16-23.

[16] 王开存,刘晶淼,周秀骥,等.利用 MODIS 卫星资料反演中国地区晴空地表短波反照率及其特征分析
[J].大气科学,2004,**28**(6):941-952.

[17] Wang K,Liu J,Zhou X,*et al*. Validation of the MODIS global land surface albedo product using ground
measurements in a semidesert region on the Tibetan Plateau[J]. *Journal of Geophysical Research*,2004,
109(D05),doi:10. 1029/2003JD004229.

[18] Liang S. Narrowband to broadband conversions of land surface albedo I:Algorithms [J]. *Remote Sensing
of Environment*,2001,**76**,213-238.

[19] 张仁华.定量热红外遥感模型及地面实验基础[M].北京:科学出版社,2009.

Land Surface Albedo in the North Tibet from Ground Observations and MODIS

Abstract:Land surface albedo,defined as the fraction of incident solar radiation reflected in all directions by the land surface,is one of the most important parameters controlling the earth's climate. Albedo directly determines the amount of solar energy absorbed by the ground,and hence,the amount of energy available for heating the ground and lower atmosphere and evaporating water. The study on albedo changes through space and time is crucial to understanding the global radiation balance and its influence on climate and vegetation dynamics. In this study,the intra-daily,daily,monthly and seasonal variation of land surface albedo in the North Tibetan Plateau is analyzed using the ground observation data and compared then with MODIS derived albedo using narrowband to broadband conversion algorithms of land surface albedo developed by Liang. The results show that the intra-daily changes of albedo in the North Tibetan Plateau is obvious,presenting that it is high at mooring and afternoon with a larger range of changes,and low at noontime with a smaller range of changes,which is characterized by "U" type. There is a statistically significant negative relationship between the observing albedo and the solar elevation angle(SEA)with a correlation coefficient of -0.91, implying SEA is main factor affecting seasonal changes of albedo. The albedo is deceasing with increase in SEA from morning to noontime, and the lowest value of albedo occurs in 14:00 to 15:00, then, albedo is increasing with decrease in SEA from noontime to afternoon. The highest albedo occurs at 08:00 of the morning in summer and at 18:00 of afternoon in other seasons. At seasonally, the highest albedo is in winter with 0.28, followed by spring and fall with 0.23, and the lowest averaged albedo is 0.19 in summer. The albedo derived from MODIS is very consistent with that from ground observations at around 12:00 MODIS crossing time. However, at about 13:00 MODIS crossing time, MODIS derived albedo is systematically lower than observation data with lower than 14.29% on average. Compared to the ground observation data, the inter-daily albedo from MODIS is more fluctuant and less smooth.

Keywords: land surface albedo; ground observation; MODIS; north Tibetan Plateau

第10章　蒸散量遥感估算方法

【摘　要】 SEBS 模型为研究高原非均匀地表区域蒸散量估算提供了一个新的手段和方法,为高原气象台站稀少地区蒸散量变化研究提供一定的参考依据。应用 SEBS 模型,利用 MODIS 遥感数据反演出所需的地表物理参数(如反照率、比辐射率、地表温度、植被覆盖度等),再结合气象站地面观测数据,包括温度、相对湿度、风速、气压等,对藏北那曲地表能量通量和蒸散量进行估算;最后分析了蒸散量与气象因子、NDVI 间的关系。结果表明,2010 年藏北那曲蒸散量呈春、夏季高,秋、冬季低的变化趋势,蒸散量较大区域为研究区南部、东北部和区域内的水体;中部和西北部地区蒸散量较小。气温和地表温度对蒸散量的影响较明显,随着气温和地表温度的升高蒸散量不断增大,NDVI 对蒸散量也有一定的影响。所以,SEBS 模型在估算高原地区的蒸散量上具有一定的精度,可以满足区域日蒸散发估算的需要。

【关键词】 SEBS　蒸散量　MODIS　藏北那曲

地表能量通量估算是确定水圈、大气圈和生物圈间的能量和物质交换的重要过程[1]。蒸散发包括土壤蒸发和植物蒸腾,在全球水文循环中起着重要的作用。因此,有效地估算蒸散发,一直是农业、水文、气象、土壤等学科的重要研究内容,在区域农业生产、干旱区水资源的规划管理等各个方面具有重要的应用价值[2]。基于点观测值的传统地表能量通量及其分量估算方法由于地表特性的不均一性和热传输过程的动态性而不适用于大范围的地表能量通量估算[3,4]。遥感技术可以提供由点到面的地表特性观测值,故而逐渐成为地表能量估算由点到区域尺度扩展的有力工具。

SEBS 模型是由 Su 等[5]发展的,用于估算大气的湍流通量和蒸发比。SEBS 基于地表能量平衡方程,应用对遥感数据处理所获得的一系列地表物理参数(如反照率、比辐射率、地表温度、植被覆盖度等),结合地面同时观测的气象资料,包括温度、相对湿度、风速、气压等,对大区域范围地表能量通量进行估算。

早期在国际上就有许多学者对蒸发(散)量的计算方法进行了一系列的研究[6]。其中比较有代表性的如:Bowen[7]在 1926 年提出的利用地面能量平衡方程得到的计算蒸发的波恩比—能量平衡法(BREB 法);Thornthwait 和 Holzman[8]利用边界层相似理论计算蒸发量的空气动力学方法;Monteith[9]于 1963 年通过引入"表面阻力"的概念导出的计算蒸发量的 Penman-Monteith(P-M)公式等,以上方法都属于蒸散量计算的传统和模拟方法,计算上虽在精度方面有一定的优势,但应用到大面积区域的蒸散量计算上时,存在以点代面的问题,用于区域蒸散量监测存在一定的局限性。近年来由于遥感技术的迅速发展,为利用遥感数据反演区域蒸散量提出了新的思路和方法,Brown 等[10]根据能量平衡、作物阻抗原理建立的作物阻抗—蒸散法模型,Sequin[11]利用遥感资料建立了冠层日蒸发量的遥感统计模型,Su 等[12]利用 SEBS (surface energy balance system)遥感模型反演了地表通量和地表蒸散量。在国内也有学者开展了有关蒸散量的研究。如裴超重等[13]运用 SEBS 模型,结合长江源区气象站实际观测数据,计算源区各像素点的蒸散量变化趋势,结果表明,源区蒸散量以 6.8 mm/a 的速度增加。全球变暖引起的气温、地表温度的升高是蒸散量增加的主要原因。吴远龙等[14]利用 Landsat 卫星数据和气象数据,建立了基于 SEBS 理论的黄河三角洲地区区域蒸散发反演模型,认为 SEBS 模型能够较好地估算区域蒸散发量。Gao 等[15]用 SWAT 模型和基于遥感数据反演估算蒸发量的准确性做了比较研究。这些研究都基于 SEBS 模型或一些相似的模型,利用如 MODIS、NOAA、TM 等不同的卫星数据并结合卫星过境时地面气象数据,计算得到的地表蒸散量,具有一定的精度,可以作为区域的日蒸散估算的依据。对于青藏高原地区蒸散发量,地表通量方面的研究也有很多。马伟强等[16]利用 ASTER 数据估算的西藏中部日喀则地区地表特征参数研究表明,卫星得到的地表参数分布范围较广,能很好地反映该区域的地表状况。马耀明等[17]提出了一个利用卫星遥感资料结合地面观测求取珠峰地区区域地表特征参数(地表反射率与地表温度)、植被参数和地表能量通量的参数化方案,并讨论了此方案的优缺点。本章参考以上的研究成果,利用 SEBS 模型结合 MODIS 数据和气象观测数据,计算了藏北那曲县的地表蒸散量值。计算中对 SEBS 模型的一些参数进行了适当的修改和改进,以能够更好地适用于高原地区。

10.1 研究区域概况

那曲县位于西藏那曲地区东南部($91°12'$～$93°02'$E,$30°31'$～$31°55'$N)(图 10.1),地处唐古拉山脉与念青唐古拉山脉之间,海拔在 4450 m 以上,总面积 1.6 万 km²,是藏北牧区向藏东南林区过渡的中间地带。那曲县属于高原亚寒带半干旱季风型气候,其特点是气温低、空气稀薄、大气干洁、太阳辐射强、日温差大。作为纯牧业县,其牧业产值占全县总产值的 90% 以上,是西藏主要发展畜牧业的地区。青藏公路、青藏铁路横贯境内,生态环境脆弱,各种自然灾害频繁。近年来,气候变化、旅游业和畜牧业发展等各种因素对全县生态环境造成一定影响。因此,对该区域的地表蒸散量、植被覆盖度及气象因子的分析变化,对畜牧业发展有一定的意义[18]。

10.2 数据来源

本章采用的卫星遥感数据来源于西藏高原大气环境科学研究所接收的 EOS/MODIS(空间分辨率为 250～1000 m)晴天或云量较少时段数据,主要提取 1～7、17～19、31、32 波段(表10.1),以及相对应的 MODIS 03 地理定位数据。在 2010 年内平均每月选取一景研究区晴空 TERRA 星遥感影像;个别晴空日数较多的月份,选取 2～3 景数据进行平均代表日平均蒸散量值;气象数据选用卫星过境时对应地面站观测数据(包括 2 m 处风速,比湿,地表气压,2 m 处气压,气温,日均气温,日照时数,水平能见度,太阳下行辐射值等)。

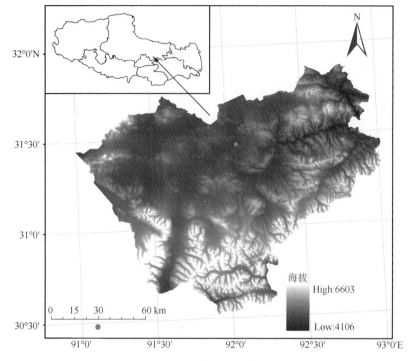

图 10.1　研究区地理位置

Fig. 10.1　The location of the study area

表 10.1　研究选取的 MODIS 传感器波段参数表

Table 10.1　Parameters of selected MODIS bands in the study

基本用途	波段序号	波段范围(μm)	光谱灵敏度 ($W^{-1}m^{-2}\mu m^{-1}sr^{-1}$)	信噪比	空间分辨率(m)
陆地/云的界限	1	0.620~0.670	21.8	128	250
	2	0.841~0.876	24.7	201	
陆地/云的性质	3	0.459~0.479	35.3	243	500
	4	0.545~0.565	29.0	228	
	5	0.1230~0.1250	5.4	74	
	6	0.1628~0.1652	7.3	275	
	7	0.2105~0.2155	1.0	110	
大气水分	17	0.890~0.920	10.0	167	1000
	18	0.931~0.941	3.6	57	
	19	0.915~0.965	15.0	250	
地表/云温度	31	10.780~11.280	9.55(300K)	0.05	
	32	11.770~12.270	8.94(300K)	0.05	

10.3 研究方法和模型

10.3.1 MODIS 数据预处理

几何校正和波段信息提取，重新投影等利用 MODISSWATH TOOL 软件完成。如上，选择的波段为 1，2，3，4，5，6，7，17，18，19，31 和 32；按研究区的经纬度范围进行裁剪；投影方式为等经纬度，重采样选用 Nearest Neighbor 法；输出数据分辨率为 0.01；大气校正方法用 SMAC[19]。在 ILWIS 中计算出 SEBS 模型中使用的各个参数，包括亮度温度、水蒸气、地表反照率、地表发射率和地表温度；以及研究区内气象站点的气象数据（风速、气温、湿度、气压）。最后可以将以上数据带入 SEBS 模型中，得出研究区蒸散量值。

10.3.2 SEBS 模型原理

依据能量守恒与转换定律，有如下表达式：

$$R_n = G_0 + H + \lambda E \tag{10-1}$$

式中：R_n 为地表净辐射；G_0 为土壤热通量；H 为感热通量；λE 为潜热通量（λ 表示水的汽化潜热，取值 2.49×10^6，E 为蒸散量）。当(10-1)式中 R_n，G_0，H 等算得后，利用余项法可以获得潜热通量 λE[20-24]。

（1）净辐射 R_n 计算公式为：

$$R_n = (1 - \alpha) \cdot R_{swd} + \varepsilon \cdot R_{lwd} - \varepsilon \cdot \sigma \cdot T_0^4 \tag{10-2}$$

式中：α 为地表反照率；R_{swd} 为下行的太阳短波辐射（Wm^{-2}）；R_{lwd} 为下行的大气长波辐射（Wm^{-2}）；ε 为地表发射率；σ 为斯忒藩—玻耳兹曼常数（5.67×10^{-8} $\mathrm{Wm}^{-2}\mathrm{K}^{-4}$）；$T_0$ 为地表温度。

（2）土壤热通量 G_0 取决于地表特征（地面植被覆盖率）和土壤含水量等，一般可通过它与净辐射 R_n 的关系来确定[5]，公式如下：

$$G_0 = R_n \cdot [\Gamma_c + (1 - f_c) \cdot (\Gamma_s - \Gamma_c)] \tag{10-3}$$

式中：$\Gamma_c = 0.05$ 为植被覆盖较好区域的参数[25]；$\Gamma_s = 0.315$ 为裸土区域的参数[26]；f_c 为植被覆盖率。

（3）感热通量 H。在大气近地面层中，根据大气边界层相似理论，有以下关系式：

$$u = \frac{u^*}{k} \left[\ln\left(\frac{z - d_0}{z_{0m}}\right) - \Psi_m\left(\frac{z - d_0}{L}\right) + \Psi_m\left(\frac{z_{0m}}{L}\right) \right] \tag{10-4}$$

$$\theta_0 - \theta_a = \frac{H}{ku^* \rho C_p} \left[\ln\left(\frac{z - d_0}{z_{0h}}\right) - \Psi_h\left(\frac{z - d_0}{L}\right) + \Psi_h\left(\frac{z_{0h}}{L}\right) \right] \tag{10-5}$$

$$L = -\frac{\rho C_p u^{*3} \theta_v}{kgH} \tag{10-6}$$

联立求解以上非线性方程组并进行迭代运算[12]，即可求得摩擦速度 u^*、奥布霍夫稳定度长度 L 及感热通量 H，其他变量可通过观测信息结合遥感观测信息得到。上三式中：z 是参考高度；u 是风速（卫星过境时间对应的那曲县气象站观测数据所得）；u^* 为摩擦速度；d_0 是平面位移高度；z_{0m} 是动力学粗糙长度；z_{0h} 是热力学粗糙高度；Ψ_m 和 Ψ_h 分别为动力学和热力学传输的稳定度订正函数[27];θ_0和θ_a分别是那曲县气象站观测面和参考面高度的虚温;L为奥布霍夫长度;H是感热通量;$k=0.4$为卡尔曼常数;ρ是空气密度;C_p为空气的热容;θ_v为近地表的位温(卫星过境时间对应的那曲县气象站观测数据所得);g为重力加速度。

(4)蒸发比

根据地表能量平衡方程,在土壤水分亏缺的干燥地表环境下,由于没有土壤水分供给蒸发,潜热通量约为零,此时感热通量达到最大值:

$$H_{dry} = R_n - G_0 \tag{10-7}$$

式中:H_{dry}为干燥地表环境下的感热通量。

在土壤水分充分供应的湿润地表环境下,蒸发达到了最大值,此时感热通量为最小值:

$$\lambda E_{wet} = R_n - G_0 - H_{wet} \tag{10-8}$$

式中:H_{wet}和λE_{wet}为湿润地表环境下的感热通量和潜热通量。

相对蒸发比定义为:

$$\Lambda_r = \frac{\lambda E}{\lambda E_{wet}} = 1 - \frac{\lambda E_{wet} - \lambda E}{\lambda E_{wet}} \tag{10-9}$$

根据以上公式可推算出:

$$\Lambda_r = 1 - \frac{H - H_{wet}}{H_{dry} - H_{wet}} \tag{10-10}$$

蒸发比[28]为实际蒸散发与可用能量的比值:

$$\Lambda = \frac{\lambda E}{R_n - G} = \frac{\Lambda_r \cdot \lambda E_{wet}}{R_n - G} \tag{10-11}$$

进而可得实际蒸散发:

$$\lambda E = \Lambda \cdot (R_n - G_0) \tag{10-12}$$

求出蒸发比后,每天的蒸散发可由下式得到:

$$E_{daily} = 8.64 \times 10^7 \times \Lambda_0^{24} \times \frac{\overline{R}_n - \overline{G}_0}{\lambda \rho_w} \tag{10-13}$$

式中:E_{daily}为实际日蒸发量,单位为 mm/d,Λ_0^{24}为日蒸发比,ρ_w为水的密度。地表各通量在一天内的变化极大,潜热通量与它和感热通量之和($R_n - G_0$)的比值却相对稳定[29,30]。因此,日平均蒸发比Λ_0^{24}可以用前面的蒸发比Λ来代替。由于每天的土壤热通量近乎为零,因此,日蒸发主要取决于每日的净辐射。

10.4 结果及分析

10.4.1 SEBS 模型结果及分析

通过 SEBS 模型中蒸发比的计算公式(10-9)～(10-13),最终可以估算出日蒸散量。通过对日蒸散量按四季进行统计计算(图 10.2)结果表明,2010 年那曲县蒸散量总体呈春、夏高,秋、冬低的趋势,年内蒸散量变化呈夏＞春＞秋＞冬的特点。春季那曲县的蒸散量较小,日蒸散量值大部分都在 1.48 mm(图 10.2a)以下,区域内的湖泊、南部和东北部蒸散量较大,最大值达 5.7 mm;夏季日蒸散量达到最大值 7.43 mm(图 10.2b),区域内的湖泊、南部和东北部区域蒸散量最高,大部分都在 4.72 mm 以上,中部和西北部地区蒸散量值较小,在 3.38 mm 以下;秋季日蒸散量最大值只有 3.83 mm(图 10.2c),除南部地区蒸散量在 1.91 mm 以下外,其他区域都在 2.42 mm 以上;而冬季那曲县日蒸散量最大值只有 2.46 mm(图 10.2d),蒸散量在 1.56 mm 以上的区域仍是湖泊、南部和东北部,中部、西北部蒸散量较小,不到 1 mm。总之,一年内蒸散量的空间分布特点是较大的区域主要位于西北部的湖泊,那曲县城南部和东北部,中部和西北部地区蒸散量表现为最小。

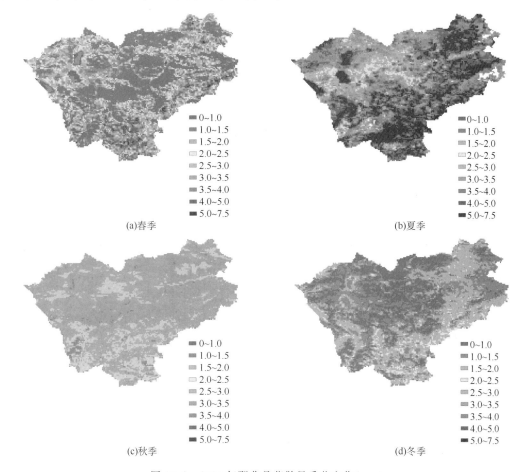

图 10.2　2010 年那曲县蒸散量季节变化(mm)

Fig.10.2　Evapotranspiration change of Naqu county in season 2010(mm)

何慧根等[31]利用位于藏北那曲地区的 MS3478 自动气象站观测数据,基于 FAO 推荐的 Penman-Monteith 公式,分析了该地区潜在蒸散量的变化特征,指出藏北高原季节性冻土区潜在蒸散年内变化很大,日蒸散量在 0.52～6.46 mm。冻结期(11 月至翌年 2 月)日潜在蒸散量很微弱,维持在较小的水平,甚至出现了日总量＜1 mm 的现象。未冻结期蒸散旺盛,春末夏初太阳辐射对大气的加热作用最大,潜在蒸散量有明显的季节变化特征。夏季蒸散力旺盛,冬季蒸散力微弱,并提出热力因子对潜在蒸散影响最大。杨永红等也利用 Penman-Monteith 公式对西藏 7 个气象站蒸散量进行了分析,文中得出那曲站日蒸散量变化趋势为初春季最高,秋冬季最低,最大值出现在 6 月上旬,6—8 月逐日蒸散量值始终保持在全年的 90% 以上;逐月蒸散量年内呈现出一定的季节性变化趋势,那曲站也相同。最大值出现在 6 月,之后 6—9 月变化曲线呈较快的下降趋势,平均气温与蒸散量的相关性非常好[32],那曲全区一年四季中夏季的潜在蒸散量最大,其次是春季、秋季,冬季的潜在蒸散量最小[33]。

以上结论与本章用 SEBS 模型反演的蒸散量值在数值大小和年内变化规律上,都有较好的一致性,本章中 SEBS 模型反演的 2010 年日蒸散量最大值也出现在夏季,且季节性变化也比较大,蒸散量值在夏季和春季要大一些,冬季和秋季明显变小,气温和地表温度是影响蒸散量的最主要的要素。这些结论与上述自动站观测数据得出的结果基本相同。因此,利用 SEBS 模型反演藏北那曲县蒸散量具有一定的准确性。可以作为大面积区域蒸散量计算的一种有效手段和方法。

10.4.2 蒸散量与气温的关系

通过从影像中提取那曲县气象站的蒸散量值,与气象站几种气象因子做相关分析,结果表明,蒸散量与日平均气温、瞬时气温(即影像过境时的气温)呈较好的正相关,相关系数都在 0.8 以上。蒸散量随瞬时气温变化见图 10.3,随着气温的升高,蒸散量也随之增大。夏季(6—8 月)的平均气温为四季中最高,达 14.9℃,此时日蒸散量也达到最高 3.5 mm;冬季蒸散量最低值约为 1.2 mm,此时的气温也达到全年最低值 −8.5℃。蒸散量与风速的关系较复杂,由于春季和夏季气温相对较高,风速较小且变化不大,此时,风速对蒸散量的影响要明显小于气温,即气温起主导作用;在秋季和冬季,由于气温低,风速较大,所以风速对蒸散起主要作用。

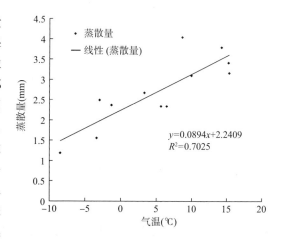

图 10.3　2010 年那曲县蒸散量与气温的关系

Fig. 10.3　Evapotranspiration with temperature relationship of Naqu county 2010

10.4.3 蒸散量与地表温度、NDVI 的关系

利用 SEBS 模型计算蒸散量过程中,同时可以得到地表温度(LST)、植被指数 NDVI 值。下面对蒸散量与地表温度和 NDVI 的相关性进行分析(图 10.4)。2010 年那曲县月蒸散量与地表温度呈较好的正相关,相关系数为 0.71,其中,冬季地表温度较低,对应的蒸散量也较低,春季(5—6 月)地表温度变化不大,但蒸散量由于温度的升高而呈增大趋势,4 月份,虽然地表温度较高,但是由于该月的风速是春季中最大的一个月份,气温也最低,所以蒸散量值较小;其他时间蒸散量随着地表温度的升高呈较好的增大趋势。分析 2010 年那曲县月蒸散量与 NDVI 变化关系,发现蒸散量与植被指数和草地生长有很好的对应关系,春季(3—5 月)为牧草生长初期,蒸散量值不是很大,蒸散量值变化浮动较小。夏季(7—8 月)为牧草生长的旺盛时期,蒸散量处于全年最高。秋季(9—11 月)牧草进入枯萎期,此时与夏季相比,呈现比较大的回落。冬季(12,1,2 月),植被已完全枯萎,以及降雪天气较频繁,温度较低,蒸散量也为全年最低。

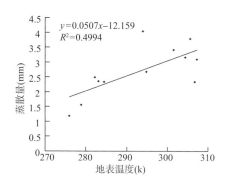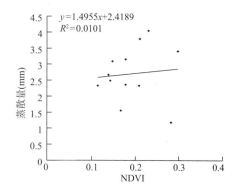

图 10.4 2010 年那曲县蒸散量与 NDVI、地表温度的关系

Fig. 10.4 Evapotranspiration with surface temperature and NDVI relationship of Naqu county in 2010

10.5 结论

利用 SEBS 模型和 2010 年的 MODIS 数据,估算出那曲县的地表蒸散量,并对地表蒸散量与气温、地表温度、NDVI 等的关系进行了分析,得到以下结论。

(1)那曲县 2010 年的地表蒸散量在时间变化上呈春夏季高、秋冬季低的变化趋势,从空间变化上,一年内蒸散量较大的区域主要是湖泊,那曲县南部和东北部、中部和西北部地区蒸散量最小。

(2)蒸散量与气温、地表温度、NDVI 都有很大的关系,其中,蒸散量随着气温和地表温度呈较好的正相关,与 NDVI 的关系由于季节的不同而有所变化,即夏季 NDVI 值最大时,蒸散量也最大,冬季 NDVI 值最小时,蒸散量也最小。

(3)由于那曲县地处西藏藏北高海拔地区,气候十分恶劣,气象观测站点稀少,利用 SEBS 模型反演地表蒸散量,很好地解决了高原上由于站点稀少,只能利用个别站点数据来反映整个区域蒸散量状况。同样,利用 SEBS 模型反演那曲县的地表蒸散量具有一定适用性,为草原生态恢复、生态环境建设和水资源合理利用和管理,提供参考和依据。近年来西藏地区持续少雨,干旱较严重,利用 SEBS 模型得出的蒸散量在干旱监测中也能得到很好的应用。

(4)对于模型结果的验证,很难进行准确的区域上的验证,只能通过地面观测资料进行点对点的验证。因此,对区域上估算结果的验证,有待于进一步讨论。

参考文献

[1] 何延波,Su Zhongbo,LI Jia,等. SEBS 模型在黄淮海地区地表能量通量估算中的应用[J]. 高原气象,2006,**25**(6):1092-1100.

[2] 杨永民,冯兆东,周剑. 基于 SEBS 模型的黑河流域蒸散发[J]. 兰州大学学报(自然科学版),2008,**44**(5):1-6.

[3] 马耀明,王介民. 非均匀陆面上区域蒸发(散)研究概况[J]. 高原气象,1997,**16**(4):447-452.

[4] 郭晓寅,程国栋. 遥感技术应用于地表蒸散发的研究进展[J]. 地球科学进展,2004,**19**(1):107-114.

[5] Su Z. The surface energy balance system(SEBS)for estimation of turbulent heat fluxes[J]. *Hydrol Earth Syst Sci*,2002,**6**(1):85-99.

［6］ Brutsaert W. Evaporation into the Atmosphere［M］. D Reidel Publ Co,Dordrecht,the Netherlands,1982.

［7］ Bowen Is. The ratio of heat losses by conduction and evaporation from any water surface［J］. *Phys Rev*,1926,**27**:779-798.

［8］ Thornthwait C W,Holzman A. Report of the Commutation on Transpiration and Evaporation［J］. *Transactions of the American Geophysical Union*,1944,**25**:683-693.

［9］ Monteith J L. Environmental Control of Plant Growth［M］. //L T Evaus,ed. Academic Press,New York,1963:95-112.

［10］ Brown K W,Rosenberg H T. A resistance model to predict evapotranspiration and its application to sugar beetfield［J］. *Agronomy Journal*,1985,**65**:341-347.

［11］ Sequin B,Itier B. Using modis land surface temperature to estimate daily evaporation from satellite thermal I. R. Data［J］. *International Journal of Remote Sensing*,1983,**4**:371-384.

［12］ Su Z. A Surface Energy Balance System(SEBS)Forestimation of Turbulent Heat Fluxes from Point to Continental Scale［M］. //Su Z,Jacobs J,eds. Advanced Earth Observation Land Surface Climate. Beijing,Publications of the National Remote Sensing Board(BCRS),USP-2,01-02,2001:91-108.

［13］ 裴超重,钱开铸,吕京京,等. 长江源区蒸散量变化规律及影响因素［J］. 现代地质,2010,**24**(2):363-368.

［14］ 吴远龙. 基于改进的 SEBS 模型黄河三角洲蒸散发遥感反演及其时空变化研究［D］. 中国石油大学硕士论文,2010.

［15］ Gao Yanchun,Di Long. Intercomparison of remote sensing-based models for estimation of evapotranspiration and accuracy assessment based on SWAT［J］. *Hydrological processes*,2008,(22):4850-4869.

［16］ 马伟强,马耀明,仲雷,等. 利用 ASTER 数据估算西藏一江两河地区地表特征参数［J］. 高原气象,2010,**29**(5):1351-1355.

［17］ 马耀明,王永杰,马伟强,等. 珠峰复杂地表区域能量通量的卫星遥感［J］. 高原气象,2007,**26**(6):1231-1236.

［18］ 陈涛,边多,王彩云. 西藏那曲县 NDVI 变化及气象因子、畜牧量相关分析［J］. 高原山地气象研究,2010,**30**(3):62-65.

［19］ Rahman H,Dedieu G. SMAC :A simplified method for the atmospheric correction of satellite measurements in the solar spectrum［J］. *Int. J. Remote Sensing*,1994,**15**(1):123-143.

［20］ Blad B L,Rosenberg N J. Evaluation of resistance and mass transport evapotranspiration models requiring canopy temperature data［J］. *Agron J*,1976,**68**:764-769.

［21］ Hatfield J L,Reginato R J,S B Idso. Evaluation of canopy temperature evapotranspiration models over various crops［J］. *Agric Meteor*,1984,**32**:41-53.

［22］ Choudhury B J,Reginato R J,S B Idso. An analysis of infrared temperature observations over wheat and calculation of the latent heat flux［J］. *Agric Meteor*,1986,**37**:75-88.

［23］ 马耀明,戴有学,马伟强,等. 干旱半干旱区非均匀地表区域能量通量的卫星遥感参数化［J］. 高原气象,2004,**23**(2):139-146.

［24］ 马耀明,王介民. 卫星遥感结合地面观测估算非均匀地表区域能量通量［J］. 气象学报,1999,**57**(2):180-189.

［25］ Monteith J L. Principles of Environmental Physics［M］. London,Edward Arnold Press,1973:241.

［26］ Kustas W P,Daughtry C S T. Estimation of the Soil Heat Flux/net Radiation Ratio from Spectral data［J］. *Agr Forest Meteor*,1989,**49**:205-223.

［27］ Brutsaert W. Evaporation into the Atmosphere［M］. D. Reidel Publishing Company,1982:299.

［28］ Menenti M,Choudhury B J. Parameter Erization of Land Surface Evapotranspiration Using Location Dependent Potential Evapotranspiration and Surface Temperature Range［M］. //Bolle H J,*et al*. Eds. Exchange Processes at the Land Surface for a Range of Space and Time Scales. IAH S Publ. 1993,**212**:561-568.

[29] Su Z,JACOBS J. Advanced Earth Observation Land Surface Climate[R]. Netherlands:Publications of National Remote Sensing Board,2001:91-108.

[30] 赵英时.遥感应用分析分析原理与方法[M].北京:科学出版社,2003.

[31] 何慧根,胡泽勇,荀学义,等.藏北高原季节性冻土区潜在蒸散和干湿状况分析[J].高原气象,2010,**29**(1):10-16.

[32] 杨永红,张展羽,阮新建.西藏参考作物蒸发蒸腾量的时空变异规律[J].水科学进展,2009,**20**(6):775-781.

[33] 毛飞,卢志光,张佳华,等.近40年那曲地区气候特征分析[J].高原气象,2007,**26**(4):708-715.

[34] 张仁华.定量热红外遥感模型及地面实验基础[M].北京:科学出版社,2009.

Evapotranspiration Estimation in the North Tibet based on SEBS Model

Abstract:The SEBS model provides a new means for studying the plateau non-uniform surface regional evapotranspiration estimation and some evapotranspiration reference for the sparse areas of high altitude meteorological stations. The evapotranspiration in Naqu county is estimated by using MODIS data and meteorological observations based on SEBS model in 2010,and the relationships with the meteorological factors and NDVI are analyzed. The results show that the evapotranspiration in Naqu county is high in spring and summer and is low in autumn and winter with higher evapotranspiration in lakes,the south and the northeast in the study and smaller evapotranspiration in central and the northwest. The temperature and the surface temperature effect is obvious to evapotranspiration,the increases of air temperature and surface temperature lead to evapotranspiration increased;and the relationship between the NDVI as the season different variations,NDVI was the largest,and evapotranspiration is also largest in summer,they are minimum in winter. The SEBS model is of adequate accuracy in estimating the evapotranspiration of Tibetan Plateau and can be applied to estimating the daily evapotranspiration on a regional scale.

Key words:SEBS;evapotranspiration;MODIS;Naqu county;North Tibet

第11章　典型湖泊面积遥感监测方法与分析——以羊卓雍错为例

【摘　要】 遥感技术的发展,特别是近几年来高分辨率遥感卫星的快速发展,成为大范围湖泊水域面积动态变化监测和反演相关参数的主要手段。本章以西藏高原南部典型湖泊羊卓雍错为例,利用遥感和地理信息空间分析方法对1972—2010年湖泊面积变化进行了系统分析,并结合流域气象站资料对其原因进行了初步分析。结果表明,1972—2010年羊卓雍错(以下简称羊湖)湖泊平均面积为 643.98 km²,平均周长为 709.41 km。1972—2010年羊湖面积呈波动式减少趋势,其中,70年代平均面积为 658.78 km²,之后至1999年面积一直呈显著减少趋势;80年代面积为 636.55 km²;90年代为 635.06 km²;1999—2004年湖泊面积有增加趋势;2004—2010年有显著的持续缩小趋势,减幅为8.59 km²/a,大于1972—1999年6.85 km²/a的减幅速度。湖泊空间变化特点是除了空母错和珍错两个小湖面积变化较小之外,羊湖整体上有面积萎缩态势,其中东部嘎马林曲入口附近退缩程度最大,达1.62 km,年均退缩速度为42.63 m。根据对流域气象站资料的分析表明,湖泊面积和降水的变化波动存在显著的耦合关系,降水的波动变化是羊湖面积变化的主要原因;其次,流域蒸发量的明显增加,特别是2004年来连续较高的蒸发量是导致近期湖泊面积显著减少的一个重要原因,气温的升高通过蒸发量的增加进一步加剧了这一过程。羊湖的面积变化基本反映了西藏高原南部半干旱季风气候区以降水补给为主的高原内陆湖泊对气候变化的响应。

【关键词】 湖面变化　遥感分析　羊卓雍错　西藏高原

在区域生态系统中,湖泊具有重要的生态意义。湖泊作为区域陆地水循环中的一个重要载体,对区域的水量平衡发挥着重要作用[1]。同时,湖泊本身作为一个生态系统,具有一定的生态功能,通过和陆地生态系统之间进行物质循环、能量流动和信息传递,可以形成局部小气候,调节区域气候。湖泊水域的变化是其所在流域水量平衡的综合结果,对气候变化和人类活动的影响具有高度敏感性[2]。因此,研究湖泊水域动态变化不仅为湖泊水资源开发利用、湖泊及流域的生态平衡提供重要依据,作为气候变化敏感的指示器,反映气候变化对区域环境的影响。

遥感技术的诞生,使得人类对地球的监测手段推进到一个新的阶段,同时也给大范围的湖泊水域动态变化监测和相关参数的反演研究带来了便利。遥感技术能够大范围、及时快速地监测地表环境的动态变化,与传统的湖泊调查方法相比有着明显的优势,它能利用多种手段快速获得大量的地表变化信息,成为湖泊研究强有力的技术手段[3]。近几年来高分辨率遥感卫星的快速发展以及与地理信息系统空间分析方法的结合为湖泊变化研究提供了强有力的技术支持。对人烟稀少、地形高大复杂、交通通达性差的青藏高原来说,由于对绝大多数高原湖泊难以通过常规观测手段获取湖泊变化数据,因此遥感技术手段的优势显得尤为突出。

青藏高原作为亚洲的"水塔",不仅是亚洲许多大江大河的发源地,同时孕育了众多湖泊,其湖泊总面积约占我国全国湖泊总面积的二分之一,是地球上海拔最高、数量最多、面积最大的高原湖群区[4]。湖泊是全球环境变化的敏感地表类型,而青藏高原的湖泊与其他地区主要内陆湖泊相比,由于受人类活动干扰较少,多处于自然状态,湖泊变化过程直接反映了自然条件下的区域气候变化。因此,开展青藏高原典型湖泊变化研究,对研究全球气候变化及其对流域水资源的利用和生态平衡具有重要意义。近年来,随着全球气候变化及其区域生态环境影响研究的深入,湖泊作为气候变化的敏感区和典型地表类型,加上各种高分辨率遥感数据越来越多,使得气候变化与湖泊水域变化之间的研究成果越来越多。国内许多学者对青藏高原湖泊动态变化也开展了大量的研究。结果表明,除纳木错、色林错、班公错等以冰川补给为主的湖泊面积有不同程度的增加之外,高原多数降水补给为主的湖泊都有不同程度的缩小[5-10],其中我国面积最大的内陆咸水湖泊青海湖面积减少最多,1976—2000 年减少了 60.60 km²。

羊湖作为西藏高原三大圣湖之一和藏南重要的高原特色风景旅游景区,其湖泊面积变化与水位一样备受当地老百姓、各级政府部门和国内外学者的关注。到目前为止,羊湖的具体面积众说纷纭。根据早期的研究表明[11],羊湖的面积为 621 km²,西藏自治区统计年鉴上的面积始终为 638 km²,从来没有变化。此外,还有 658 km²[14]、643 km²[10]、678 km²① 之说,而根据羊湖边上的石碑简介,羊湖面积为 630 km² 等。为此,本章根据 1972 年以来陆地资源卫星 Landsat 为主的遥感资料,利用地理信息空间分析方法系统分析了羊湖不同时段的面积及其变化趋势,在此基础上结合流域气象站观测资料初步分析了其变化原因,进而进一步深入理解湖泊历史演变过程以及与气候变化之间的联系,揭示湖面变化的原因以及发展过程和变化趋势。

11.1　研究区域概况

羊卓雍错,简称羊湖,与纳木错、玛旁雍错并称西藏三大圣湖,是喜马拉雅山北麓最大的内陆湖(图 11.1),位于西藏自治区山南地区浪卡子县,距拉萨市西南 100 km,流域面积 6100 km²,湖面海拔高程 4440 m,湖水储量约为 160×10⁸ m³,湖泊水深一般在 30～40 m,最深达 59 m[11],东西长 130 km,南北宽 70 km。根据本研究,1972—2010 年湖水平均面积为 643.98 km²,平均周长为 709.41 km。

羊湖是高原堰塞湖,大约亿年前因冰川泥石流堵塞河道而形成,它的形状很不规则,分叉多,湖岸曲折蜿蜒,并附有空母错、珍错和巴纠错三个小湖。历史上曾为外流湖,上述湖连为一体,原湖水曾经现在的白地乡叶色村垭口流入墨曲,最后由墨曲流入雅鲁藏布江,但后来由于气候变化,水位下降,与墨曲分开,退缩成为内流湖,并形成了三个主要小湖。目前,空母错北面经河道与羊湖连接,珍错西侧经河道与羊湖连接,其流域内巴纠错为唯一独立的湖泊。所以

---

① 引自 http://baike.baidu.com/。

本章中,羊湖面积包括空母错和珍错面积,而独立的巴纠错未予以考虑。流域北部以岗巴拉山为界与雅鲁藏布江相邻,两者在扎马龙一带相距仅 8~10 km,水面高差达 840 m;流域以东为哲古错流域;流域南面是喜马拉雅山脉,有蒙达岗日等雪山;流域西侧以海拔 7206 m 的宁金抗沙峰和卡若拉山为分水岭,与年楚河流域接壤。湖水主要由降水和冰雪融水补给,其中冰雪融水补给量约占总补给量的 16%[11]。流入羊卓雍错的主要支流从西、西南到东,依次有嘎马林曲、卡洞加曲、曲清河、香达曲、浦宗曲、卡鲁雄曲和牙间曲等。

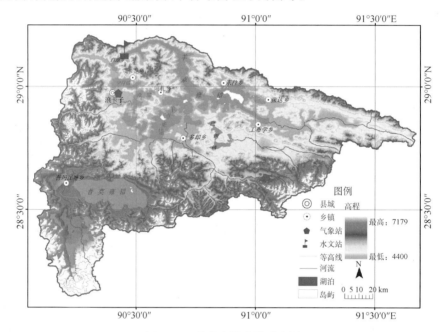

图 11.1　羊卓雍错流域示意图

Fig. 11.1　Yamzho Yumco Lake basin

11.2　数据源及方法

11.2.1　数据源

本章中的遥感数据主要是以陆地资源卫星 Landsat 为主,其他遥感数据包括中巴资源卫星 CBERS2 和 ALOS AVNIR-2 数据,其中有 16 期覆盖羊湖流域的 Landsat MASS、TM 和 ETM 遥感数据、2 期中巴资源 CBERS2 影像和 1 期 ALOS AVNIR-2 数据(表 11.1)。多数 Landsat 数据是从中国科学院计算机网络信息中心国际数据中心获取,2005 年和 2006 年的 CBERS2 图像是从中国资源卫星应用中心免费下载,2008 年及以后的 Landsat 数据和 ALOS AVNIR-2 多波段数据是从中国科学院对地观测与数字地球科学中心购置。遥感数据的分辨率从 10~60 m 不等,其中 ALOS 分辨率最高为 10 m,Landsat TM 和 ETM 数据的分辨率在 28.5~30 m,Landsat MSS 的分辨率为 57~60 m,中巴资源卫星的分辨率为 28.5 m。

从 19 个不同时段的遥感数据源来看(表 11.1),20 世纪 70 年代 Landsat 历史图像相对较多,共有 4 期,获取时间分别为 1972 年 10 月 18 日、1976 年 12 月 17 日、1977 年 1 月 4 日和

1978 年 4 月 17 日;而目前能够获得的 80 年代和 90 年代的历史 Landsat 图像非常有限,其中 80 年代初期、中期及 90 年代中期都没有遥感图像。本章能够获取的只有 80 年代 1989 年 1 月 19 日 1 期图像和 90 年代 1990 年 11 月 14 日和 1999 年 12 月 1 日的 2 景图像。2000 年之后由于中巴资源卫星和 ALOS 等卫星的相继发射,遥感图像也越来越丰富。本章中 2000 年之后每年都有遥感图像。个别年份如 2007 年有 2 期覆盖羊湖流域的晴空遥感图像,且图像的质量也比以前大有提高,如 ALOS AVNIR-2 多波段图像分辨率达 10 m。

羊湖流域内唯一的气象站为浪卡子气象站,位于浪卡子县城,海拔 4431.70 m,地理坐标为(90°23′53″E,28°58′22″N)。该站始建于 1961 年,之后有连续的观测资料。本章采用了 1971—2010 年的年降水、气温和蒸发等气候要素资料。

表 11.1　研究区遥感数据源及卫星传感器特性

Table 11.1　Remote sensing data sources and sensor features

获取日期	卫星	条带号	行编号	分辨率(m)	数据标识	数据源
1972 年 10 月 18 日	Landsat1	148	40	60.0	LM11480401972292 AAA04	http://datamirror.csdb.cn
1976 年 12 月 17 日	Landsat2	148	40	57.0	P148r40_2 m19761217	http://glcf.umiacs.umd.edu
1977 年 1 月 4 日	Landsat2	148	40	30.0	LM21480401977004 AAA01	http://datamirror.csdb.cn
1978 年 4 月 17 日	Landsat2	148	40	30.0	LM21480401978107 AAA03	http://datamirror.csdb.cn
1989 年 1 月 19 日	Landsat5	138	40	30.0	LT41380401989019 AAA02	http://datamirror.csdb.cn
1990 年 11 月 14 日	Landsat5	138	40	28.5	P138r40_5 t19901114.TM	http://glcf.umiacs.umd.edu
1999 年 12 月 1 日	Landsat7	138	40	30.0	LE71380401999335EDC00	http://datamirror.csdb.cn
2000 年 11 月 17 日	Landsat7	138	40	28.5	P138r040_7x20001117.ETM	http://glcf.umiacs.umd.edu
2001 年 11 月 4 日	Landsat7	138	40	30.0	LE71380402001308 SGS00	http://datamirror.csdb.cn
2002 年 11 月 7 日	Landsat7	138	40	30.0	LE71380402002311 SGS00	http://datamirror.csdb.cn
2003 年 3 月 15 日	Landsat7	138	40	30.0	LE71380402003074 ASN01	http://datamirror.csdb.cn
2004 年 11 月 4 日	Landsat5	138	40	30.0	LT51380402004309BKT00	http://datamirror.csdb.cn
2005 年 12 月 3 日	CBERS2	24	68	28.5	L20000020500	http://www.cresda.com
2006 年 2 月 19 日	CBERS2	24	68	28.5	L20000080970	http://www.cresda.com
2007 年 5 月 5 日	Landsat5	138	40	30.0	LT51380402007125BKT00	http://datamirror.csdb.cn
2007 年 12 月 26 日	ALOS			10.0	ALAV2 A102273020	中国科学院卫星地面站购置
2008 年 12 月 17 日	Landsat5	138	40	30.0	L5-TM-138-040-20081217-L4	中国科学院卫星地面站购置
2009 年 12 月 4 日	Landsat5	138	40	30.0	L5-TM-138-040-20091204-L4	中国科学院卫星地面站购置
2010 年 4 月 11 日	Landsat5	138	40	30.0	L5-TM-138-040-20100411-L4	中国科学院卫星地面站购置

11.2.2　方法

除了 ALOS 之外其他单幅遥感图像能够覆盖整个羊湖区域,所以处理过程是首先将 2007 年 12 月的 2 幅覆盖羊湖流域的 ALOS 图像经几何校正后接拼,之后以经过正射校正[①]的 2000 年 11 月 17 日的 Landsat ETM 为参考图像,用 ENVI 4.5 图像处理软件对其他所有图像进行了几何精校正,校正误差控制在一个像元之内。由于绝大部分图像的空间分辨率在 30 m 以

---

① http://www.landcover.org/data/landsat.

内,所以图像校正之后解译出的湖泊面积和周长的误差一般在 900 m² 和 30 m 以下。所有遥感图像的投影均为横轴墨卡托(UTM)投影,北纬 46 带,椭球体为 WGS-1984。最后通过人机交互式屏幕数字化方法在 ArcGIS 9.0 中分别解译出 19 个不同时期的湖泊边界,最后在 ArcGIS 中编辑和统计生成了不同时期的湖泊面积和周长。解译时,对 Landsat TM 和 ETM 采用了波段 7、4 和 2 合成图来人工解译湖泊边界,对中巴资源卫星和 ALOS 采用了波段 4、2 和 1 假彩色合成图像经人工解译确定湖泊边界。气象要素和湖泊面积的线性趋势采用一次线性回归方程表示,即:

$$y = a_0 + a_1 t \qquad (11\text{-}1)$$

式中:y 为气象要素和湖泊面积;t 为时间(a);a_0 为常数项;a_1 为斜率即线性趋势项,表示气象要素或湖泊面积年增减率,其值为正,表示上升或增加,为负值表示下降或减少。对湖面面积用距平大于标准差作为异常;对于气候要素,采用世界气象组织推荐的距平绝对值大于标准差 2 倍作为气候异常判别标准。

11.3 结果分析

11.3.1 湖泊面积变化

根据 1972—2010 年不同时段遥感数据解译的湖泊面积来看(图 11.2 和表 11.2),羊湖平均面积为 643.98 km²,相应的平均周长为 709.41 km。1972—2010 年的羊湖面积变化总体趋势是呈波动减少态势。具体表现为,70 年代湖泊面积较大,平均为 658.78 km²,其中 1972 年的湖泊面积最大,达 678.42 km² 的历史极值,之后至 1999 年湖面面积一直呈显著减少趋势,每年的减少幅度为 6.85 km²;80 年代的 1989 年 1 月面积为 636.55 km²,与 70 年代平均值相比,净减少了 22.23 km²,减幅为 3.37%;90 年代平均面积为 635.06 km²,与 70 年代平均值相比,较少了 23.71 km²,减幅为 3.60%,1990 年与 1999 年相比,面积略有减少,为 3.88 km²;1999—2004 年湖泊面积呈增加趋势,1999 年 12 月面积为 633.12 km²,到 2004 年 11 月面积增加到 667.54 km²,净增加了 34.42 km²,增幅为 5.44%。2004 年湖泊面积达到了历史次最高值,为 667.54 km²,仅次于 1972 年出现的历史极值,两者相差 10.88 km²。2004 年不仅是羊湖湖面面积从 1999 年开始持续上升结束的终点,也是羊湖面积持续减少的一个起点。自 2004 年以来,羊湖面积呈显著的持续缩小趋势,该趋势一直延续到 2010 年年底,期间每年面积减少达 8.59 km²,其年面积萎缩程度显著大于 1972—1999 年 6.85 km²/a 的萎缩程度。特别是 2010 年 4 月湖泊面积达到了 600.26 km² 的历史最低值,与 2004 年相比减少了 67.28 km²,减幅在 10.08%,而与历史最高值 1972 年面积相比,减少了 78.16 km²,减幅高达 11.52%。

如果湖面面积距平大于标准差作为异常,则 1972 年和 2004 年为湖泊面积异常大的年份,而最近的 2009 年和 2010 年为湖泊面积连续两年异常小年份,特别是 2010 年面积达到了历史最低值,其面积距平大于标准差的 2 倍。可见,2010 年是自 1972 年以来羊湖面积缩小最严重的年份。

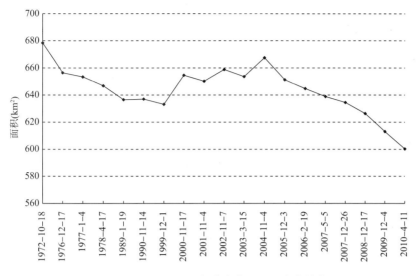

图 11.2 1972—2010 年羊湖湖面面积变化趋势

Fig. 11.2 The area changes of Yamzho Yumco Lake from 1972 to 2010

表 11.2 1972—2010 年不同时期羊湖面积及周长

Table 11.2 The area and perimeter of Yamzho Yumco Lake from 1972 to 2010

遥感图像获取日期	面积（km²）	面积距平（km²）	周长（km）
1972 年 10 月 18 日	678.42	34.45	720.25
1976 年 12 月 17 日	656.47	12.50	720.78
1977 年 1 月 4 日	653.39	9.41	767.03
1978 年 4 月 17 日	646.83	2.86	711.41
1989 年 1 月 19 日	636.55	−7.42	690.16
1990 年 11 月 14 日	637.01	−6.97	716.25
1999 年 12 月 1 日	633.12	−10.85	695.62
2000 年 11 月 17 日	654.64	10.67	732.71
2001 年 11 月 4 日	650.15	6.18	707.68
2002 年 11 月 7 日	658.79	14.82	728.81
2003 年 3 月 15 日	653.61	9.64	708.30
2004 年 11 月 4 日	667.54	23.56	728.08
2005 年 12 月 3 日	651.27	7.30	728.42
2006 年 2 月 19 日	644.75	0.77	703.46
2007 年 5 月 5 日	638.83	−5.15	689.53
2007 年 12 月 26 日	634.50	−9.48	685.05
2008 年 12 月 17 日	626.34	−17.64	684.47
2009 年 12 月 4 日	613.05	−30.93	683.52
2010 年 4 月 11 日	600.26	−43.71	677.19
多年平均值	643.98		709.41

11.3.2　湖面空间萎缩特点

1972—2010 年羊湖面积总计减少了 78.16 km²,年均减幅为 2.06 km²。1972—2010 年湖面不同区域的退缩特点是,工布学乡嘎马林曲入口处北侧湖滨退缩距离最大,达 1.62 km,年均退缩速度为 42.63 m;其次为羊湖西北侧白地乡叶色村附近的湖泊水面,39 a 间退缩了 1.52 km,年退缩速度为 40.00 m;羊湖南部部分湖滨的退缩距离在 1 km 左右。总体来讲,除了羊湖流域的空母错和珍错两个小湖面积变化较小之外,羊湖不同区域都有面积萎缩趋势(图 11.3),其中羊湖南部总体退缩最为显著,一般在几十米至 0.7 km,其次为羊湖东部工布学乡和张达乡附近的湖滨。特别指出的是,1972 年位于羊湖南部的第二大岛屿到了 2010 年在遥感影像上消失了,湖面退缩使得该岛屿与陆地相连而演变成半岛。

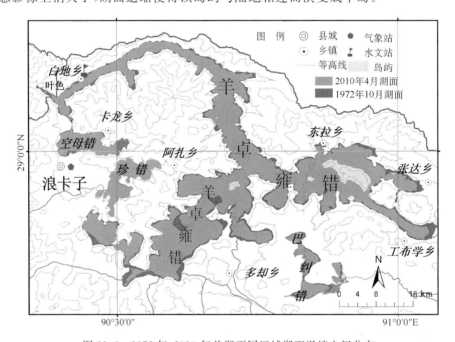

图 11.3　1972 年、2010 年羊湖不同区域湖面退缩空间分布

Fig. 11.3　The spatial shrinking of Yamzho Yumco Lake between 1972 and 2010

11.3.3　面积变化原因分析

羊湖是以降水补给为主的高原内陆湖泊,而流域每年的冰川融水补给量只占总补给量的 16%。所以,羊湖的面积变化反映了西藏高原南部半干旱季风气候区以降水补给为主的内陆水域对气候变化的响应。以下根据流浪卡子气象站 1971 年以来降水、气温、蒸发等主要气象观测资料的分析,阐述羊湖面积变化的原因。

11.3.3.1　降水

1971—2010 年浪卡子气象站年降水量变化特征见图 11.4。1971—2010 年 40 a 平均年降水量为 336.8 mm,年降水的标准偏差达 99.3 mm,表明降水的年际波动很大。自 1971 年以来,年降水的总体变化特点是呈波动上升趋势。具体来讲,70 年代降水相对较多,平均值为

318.1 mm,较 1971—2001 年的降水标准气候值多 19.5 mm,之后至 80 年代降水略有减少,80 年代的平均值为 255.9 mm,比标准气候值少 42.7 mm。70—80 年代的降水年减少率为43.9 mm/10 a,其中 1982 年降水总量只有 125.6 mm,为历史最低值,1983 年降水总量也少于200 mm,为历史次最低值。进入 90 年代之后,降水有一定的增加趋势,90 年代平均降水量较标准气候值多出 5.9 mm,降水增加率为 35.4 mm/10 a。

21 世纪初的 11 a 每年的降水量相对较多,都大于 336.8 mm 的多年平均值。11 a 的平均值为 454.9 mm,与 90 年代相比增加显著,达 150 mm 左右,且多出标准气候值 156.3 mm,增加速率为 95.2 mm/10 a,其中 1993—2004 年降水增加尤为明显,但是从 2004 年之后除了2008 年降水量达到 579.5 mm 的历史最高之外,总体特征表现为减少趋势(图 11.4)。2000—2010 年降水变化的具体特点表现为:2000—2004 年 5 a 降水量较多,都保持在 480 mm 以上,且年际之间的波动较小,其中 2004 年达到 561.8 mm 的历史次最高值,之后降水呈减少态势,且年际之间的波动很大,如 2005 年和 2009 年的降水都小于 360 mm,而 2008 年则达到了579.5 mm 的历史最大值。以降水的距平大于标准偏差 2 倍作为降水异常来判断,1971—2010 年 40 a 中,1982 年是降水异常偏低年份,其距平为 −211.2 mm,而 2004 年和 2008 年为异常偏多年份,降水距平分别为 225.0 mm 和 242.8 mm。

总之,1971—2010 年浪卡子气象站年降水总体变化特点表现为波动式显著增加趋势,增幅为 45.7 mm/10a(α＝0.001 的显著性检验)。降水的波动主要表现在 70—80 年代降水存在减少趋势,进入 90 年代以后降水呈增加的态势,但这些增减趋势并不显著,而 1993—2004 年降水呈显著增加态势,增幅达 26.37 mm/a,从 2004 年开始降水表现为减少趋势,减幅为12.49 mm/a,且年际波动很大,2004—2010 年年降水量标准偏差是 95 mm,几乎为 2004 年之前的 2 倍。

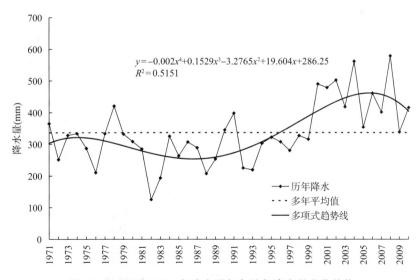

图 11.4 1971—2010 年浪卡子气象站年降水量变化趋势

Fig. 11.4 Annual precipitation variation trends in Yamzho Yumco Lake basin from 1971 to 2010

11.3.3.2 气温

跟西藏高原其他地方一样,浪卡子气象站的气温较低,1971—2010 年 40 a 的年平均气温只有 3.0℃。图 11.5 给出了浪卡子气象站 1971—2010 年的年平均气温变化趋势,其主要特点是波动式显著上升态势,上升速度为 0.37/10a,通过了 $\alpha=0.001$ 的显著性检验,同时年际之间的波动也较大,标准偏差达 0.6℃。具体来看,70 年代的平均气温为 2.6℃,与 1971—2001 年的标准气候值相比低 0.2℃;80 年代较 70 年代气温略有上升,平均气温为 2.8℃,与标准气候值持平;90 年代较 80 年代气温又增加了 0.2℃,且高于标准气候值大于 0.2℃;进入 21 世纪之后,气温的增加趋势更为明显,与 90 年代平均气温和 30 a 的标准气候值相比分别增加了 0.6℃和 0.8℃。

从气温的距平变化特点来看,70 年代除 1972 年之外都为负距平,其中 1978 年的距平为 −1.1℃,为历史最低;同样 80 年代和 90 年代初多为负距平,90 年代末,特别是 1998 年以后除 2000 年和 2002 年负距平之外其他所有年份都为正距平,且距平都大于 0.1℃,其中 2009 年和 2010 年的距平都大于 1.2℃。根据距平超过标准差 2 倍的气温异常判断来看,2009 年和 2010 年连续两年为气温异常偏高年份。1978 年的距平为 −1.1℃,为历史最低值,但未达到气温异常偏低的标准。

可见,1971—2010 年浪卡子气象站的气温呈显著的波动式增加态势,其增温率为 0.37/10a,但年际之间的波动较大。从年代际来看,70 年代气温较低,而 90 年代末之后增温态势非常明显,特别是进入 20 世纪之后出现了持续升温的趋势,其中 2009 年和 2010 年两年的平均气温达到了 4.4℃历史最高值。

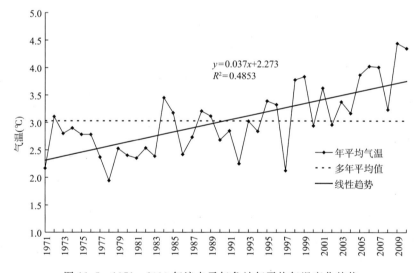

图 11.5 1971—2010 年浪卡子气象站年平均气温变化趋势

Fig. 11.5 Annual temperature variation trends in Yamzho Yumco Lake basin from 1971 to 2010

11.3.3.3 蒸发量

1971—2010 年浪卡子气象站平均蒸发量 1720.2 mm,为年降水量的 5 倍多。年蒸发量的变化特点是呈波动增加趋势。从线性趋势来看,增幅率为 51.24 mm/10a,通过了 $\alpha=0.05$ 的显著性检验。具体来看,70 年代蒸发量较小,平均值为 1667.6 mm,与 1971—2000 年的蒸发量标准气候相差无几,之后到了 80 年代蒸发量有增加趋势,平均为 1683.2 mm,较标准气候值多出了 14.7 mm;90 年代蒸发量有减少态势,平均值为 1635.5 mm,小于标准气候平均值

32.9 mm;到了 21 世纪之后蒸发量呈显著增加态势,不仅与 90 年代相比增加了 253.9 mm,与 30 a 标准值比较,增加了 221.0 mm。特别是 1990—2010 年蒸发量出现了显著增加的趋势,增幅为 163.9 mm/10a,通过了 $\alpha=0.01$ 显著性检验。2001 年蒸发量达到了 2154.2 mm 的历史最高值,其次为 1972 年,达 2045.2 mm,这两年也是年蒸发量异常偏高年份。1977—1978 年和 1997 年的年蒸发量小于 1500 mm,但未达到异常偏低的标准。

由图 11.6 展示的年蒸发量距平变化特征来看:70 年代除了 1971—1973 年之外都表现为负距平,其中 1978 年出现了 −282.4 mm 的最大负距平;80 年代除了 1983—1985 年和 1989 年出现了小于 90 mm 的正距平之外,其余都为负距平;90 年代除 1995 年为 35.3 mm 的正距平之外,其余都出现了负距平;到 21 世纪,除 2004 年出现负距平之外,其余都为正距平,且都大于 57 mm,2001 年更出现了 434.0 mm 的最大正距平。可见,浪卡子气象站自 1971 年以来年蒸发量的增加趋势比较明显,而 2000 年之后这一趋势尤为显著。

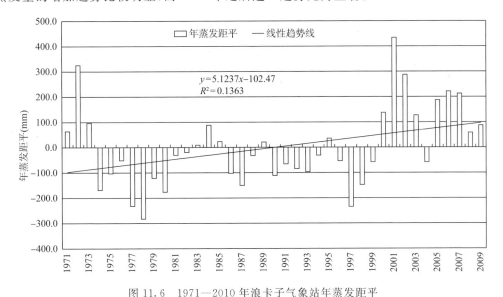

图 11.6 1971—2010 年浪卡子气象站年蒸发距平

Fig. 11.6 Evaporation anomaly in Yamzho Yumco Lake basin from 1971 to 2010

11.3.3.4 人类活动对羊湖水位变化的影响

坐落于羊湖北侧冈巴拉山脚下的羊湖发电站于 1997 年正式投入运营,总装机容量 11.25 万千瓦,年发电量 8409 万千瓦时,为世界上海拔最高的抽水蓄能电站,也是西藏自治区境内规模最大的水电站。电站在用电高峰季节利用羊湖与雅鲁藏布江 840 m 的水面高差从羊湖放水发电,而在夏季利用系统多余电能从雅鲁藏布江抽水入湖蓄存,电站发电总体上不消耗羊湖水量。研究表明,1998—2007 年羊湖流域的植被指数总体上呈缓慢上升的趋势,植被覆盖有增大的趋势[12]。电站运行对羊湖水质、湿地、鸟类和水生生物等未产生明显影响,而且变化趋势是总体上略有改善[13]。1999—2004 年降水偏多,这一时期,发电泄水并未使羊湖湖面面积减少,反而逐年在上升[14]。所以,自羊湖电站运行以来,羊湖流域的环境变化主要是由自然因素造成的,人为和工程的影响范围和程度均较小。另外,羊湖为咸水湖,含盐量较高,不能用于农田灌溉和人畜饮用等,故人类活动对其水位变化基本无影响。

11.3.4　湖泊面积变化主要原因

从长期来看,湖泊的形成与消失、扩张与收缩是全球的、区域的和局部的构造和气候事件共同作用的结果;从短期来看,湖泊的扩张与收缩是由气候变化、流域环境和人类社会活动共同作用的结果。由于青藏高原的湖泊多处于自然状态,人类活动的影响较少,湖泊变化过程主要是自然条件如降水、气温和蒸发等气候要素变化和冰雪消融等作用的综合结果。虽然羊湖面积和流域气象站降水的长期变化趋势并不一致,即前者表现为总体减少趋势,后者则有增加的态势,但两者的变化波动是一致的。具体体现在,20世纪70年代湖泊面积较大,之后至80年代湖面面积一直呈显著减少趋势,90年代至2004年湖泊面积存在显著增加趋势,2004年湖泊面积达到历史次最高值之后呈明显减少态势;同样,70年代至80年代浪卡子气象站年降水存在减少趋势,90年代以后降水呈增加的态势,特别是1993—2004年降水呈显著增加态势,2004年以后降水减少。可见,羊湖湖泊面积变化与降水的波动存在显著的耦合关系,表明作为降水补给为主的高原内陆湖泊,流域降水的波动变化是羊湖面积变化的主要原因。

其次,浪卡子气象站自1971年以来蒸发量的增加趋势比较明显,2000年之后这一趋势尤为显著。70年代的蒸发较小,之后到了80年代蒸发量存在增加趋势,90年代蒸发量有减少态势,到了21世纪之后蒸发呈显著增加态势,除了2004年为负距平之外,2000年以后年蒸发量都为正距平。湖泊面积与蒸发量之间的负相关($R=-0.20$)表明,蒸发越大,湖泊面积越小。可见,流域蒸发量的增加,特别是2004年来连续较高的蒸发量是导致近期湖泊面积显著减少的一个重要原因。

同样,青藏高原的湖泊变化不仅受制于降水的补给,也与冰川联系密切。由于青藏高原大部分地区气候干燥,大多数湖泊的湖面稳定甚至扩张与流域内的冰雪融水密切相关[15]。相比于降水和蒸发,流域内湖泊面积与温度的波动变化特征不一致,前者呈波动减少特征,后者则为显著上升态势。占羊湖流域面积2%的冰川每年以冰雪融水形式补给湖泊。所以,流域内气温明显升高,造成区域内冰雪消融,进而加剧冰川退缩,如流域西侧的枪勇冰川2001年与1975年比较,冰川末端上升了大约50 m,退缩距离约90 m[16],冰川融水增加,水位上升,湖泊面积增大。卡鲁雄曲是羊湖的主要支流之一,在海拔4900 m以上有现代冰川50条,冰雪融水是其重要的水源补给,近20 a径流深有明显上升的趋势,尤其在1998—2000年出现急剧增加[17],使注入羊湖的冰雪融水增加,恰好这一时期水位和面积扩张程度明显。这与西藏其他湖泊因气温升高,使得冰川加剧退缩及其引起的融水增加、湖面扩张是一致的[4,7,8,18,19]。另一方面,由于羊湖地区显著的升温将导致蒸发量的增加,进而引起湖泊面积的萎缩。因此,一方面,在气候变暖的背景下,冰川退缩所产生的冰雪融水增加了对湖泊的补给,另一方面,气温的升高导致了蒸发的增加,进而湖泊面积减少、水位下降。如何定量研究这一过程,特别对湖泊水量的贡献大小方面今后从湖泊水量平衡角度有待进一步深入研究。

11.4　结论与讨论

(1)由于受气候变化等各种因素的影响,与青藏高原的其他内陆湖泊一样,羊湖的面积也一直在变化之中。1972—2010年羊湖平均面积为643.98 km²,平均周长为709.41 km。1972—2010年羊湖面积呈波动减少趋势。其中,70年代湖泊面积较大,平均为658.78 km²,1972

年的湖泊面积达 678.42 km² 的历史最大值,之后至 1999 年面积一直呈显著减少趋势;80 年代为 636.55 km²;90 年代平均面积为 635.06 km²;1999—2004 年湖泊面积呈增加趋势,2004 年以后呈显著的持续缩小趋势,该趋势一直延续到 2010 年年底,每年面积减少 8.59 km²,大于 1972—1999 年 6.85 km²/a 的减少速度。特别是 2010 年湖泊面积达到了 600.26 km² 的历史最低值,与 1972 年的历史最大面积相比,净减少了 78.16 km²,减幅高达 11.52%。湖泊的空间退缩特点是除了空母错和珍错两个小湖面积变化较小之外,羊湖面积整体上有萎缩特点,其中湖泊东部部分地区退缩达 1.62 km,退缩速率为 42.63 m/a。1972 年和 2004 年为湖泊面积异常大的年份,而最近的 2009 年和 2010 年为湖面面积异常小的年份,特别是 2010 年为自 1972 年以来羊湖面积缩小最严重的一年。

(2)羊湖面积和流域气象站降水的变化波动是一致的,两者存在显著的耦合关系,表明流域降水的波动变化是羊湖面积变化的主要原因;其次,流域蒸发量的明显增加,特别是 2004 年来连续较高的蒸发量是导致近期湖泊面积显著减少的一个重要原因,气温的升高通过蒸发量的增加进一步加剧了这一过程。羊湖的面积变化反映了西藏高原南部半干旱季风气候区以降水补给为主的内陆水域对气候变化的响应。

(3)流域气温的显著上升一方面通过加速冰雪融水增加了对湖泊的补给,另一方面,气温的升高导致蒸发的增加,进而通过湖泊水量减少而引起湖泊面积的减少和水位下降。如何定量研究这一过程,特别对湖泊水量的贡献大小方面有待于今后从湖泊水量平衡角度深入研究。由于资料的缺乏和作者水平有限,目前在羊湖流域开展这方面的工作难度较大。

(4)作为西藏最大的抽水蓄能电站,羊湖电站对解决西藏能源问题和经济社会的发展发挥着巨大作用。电站自运行以来,流域的环境在暖湿的气候大背景下有所改善,且对羊湖水位变化无明显影响。但如果电站达不到总体不消耗羊湖水量的设计目标,只管放水发电,不蓄水,则对羊湖水位和湖泊面积的影响必须予以考虑。

参考文献

[1] 张红亚,吕明辉.水文学概论[M].北京:北京大学出版社,2007:110-115.

[2] 丁永建,刘时银,叶柏生,等.近 50a 中国寒区与旱区湖泊变化的气候因素分析[J].冰川冻土,2006,28(5):623-632.

[3] 王海波,马明国.基于遥感的湖泊水域动态变化监测研究进展[J].遥感技术与应用,2009,24(5):674-684.

[4] 朱立平,谢曼平,吴艳红.西藏纳木错 1971—2004 年湖泊面积变化及其原因的定量分析[J].科学通报,2010,55(18):1789-1798.

[5] 邵兆刚,朱大岗,孟宪刚,等.青藏高原近 25 年来主要湖泊变迁的特征[J].地质通报,2007,26(12):1633-1645.

[6] 王芳,刘佳,燕华云.青海湖水平衡要素水文过程分析[J].水利学报,2008,39(11):1229-1238.

[7] 叶庆华,姚檀栋,郑红星,等.西藏玛旁雍错流域冰川与湖泊变化及其对气候变化的响应[J].地理研究,2008,27(5):1178-1191.

[8] 鲁安新,姚檀栋,王丽红,等.青藏高原典型冰川和湖泊变化遥感研究[J].冰川冻土,2005,27(6):783-792.

[9] 吴艳红,朱立平,叶庆华,等.纳木错流域近 30 年来湖泊—冰川变化对气候的响应[J].地理学报,2007,62(3):301-311.

[10] 边多,杜军,胡军,等.1975—2006 年西藏羊卓雍错流域内湖泊水位变化对气候变化的响应[J].冰川冻

土，2009，**31**(3)：404-409.

[11] 刘天仇. 西藏羊卓雍湖水位动态研究[J]. 地理科学，1995，**15**(1)：91-98.

[12] 于树梅，刘景时，袁金国. 基于 SPOT-VGT NDVI 的西藏羊卓雍错流域地表覆被变化研究[J]. 光谱学与光谱分析，2010，**30**(6)：1571-1574.

[13] http://www.ndrc.gov.cn/zdxm/t20061215_100554.htm.

[14] 杜军，胡军，唐述君，等. 西藏羊卓雍湖流域近 45 年气温和降水的变化趋势[J]. 地理学报，2008，**63**(11)：1160-1168.

[15] 朱立平，鞠建廷，王君波，等. 湖芯沉积物揭示的末次冰消开始时期普莫雍错湖区环境变化[J]. 第四纪研究，2006，**26**：772-780.

[16] 蒲健辰，姚檀栋，王宁练，等. 近百年来青藏高原冰川的进退变化[J]. 冰川冻土，2004，**26**(5)：517-522.

[17] 张菲，刘景时，巩同梁等. 喜马拉雅山北坡卡鲁雄曲径流与气候变化[J]. 地理学报，2006，**61**(11)：1141-1148.

[18] Ye Q H, Kang S C, Chen F, et al. Glacier variations on Mt. Geladandong, central Tibetan Plateau, from 1969 to 2002 using remote sensing and GIS technologies[J]. *Journal of Glaciology*, 2006, **52**(179)：537-545.

[19] Ye Q H, Zhu L P, Zheng H X, et al. Glacier and lake variations in the Yamzhog Yumco Basin in the last two decades using remote sensing and GIS technologies[J]. *Journal of Glaciology*, 2007, **53**(183)：673-676.

Lake Area Variations of Yamzho Yumco over Last 40 Years on Tibetan Plateau

Abstract：Lakes on the Tibetan Plateau(TP)play critical roles in the water cycle, ecological and environment systems of the Plateau. A better understanding of lake variations on the TP is important for evaluating climate change and regional environment consequence under global warming. In this paper, as a typical inland lake and one of three holy lakes on the TP as well as scenic spot located at southern TP, Yamzho Yumco Lake's area variations from 1972 to 2010 and main factors are analyzed using remote sensing and GIS technologies in combination with climate data of meteorological station within the basin. The results show that mean lake area is 643.98 km² and mean perimeter is 709.41 km from 1972 to 2010. The lake areas generally have been decreasing from 1972 to 2010. In detail, the lake area in 1970 s is 658.78 km² with the highest records of 678.42 km² in 1972; the lake areas are 636.55 km² and 635.06 km² in 1980 s and 1990 s, respectively. There is an increasing trend from 1999 to 2004 and 2004 is a turning point for lake area variations, which is an increasing end from 1999 and starting point to decease until 2010. The lake areas have been significantly decreasing since 2004 with the mean annual decreasing rate(MADR)of 8.59 km²/a, which is higher than

MADR of 6.85 km² from 1972 to 1999. Especially, the lowest lake areas are recorded in 2010 with 600.26 km². The gap between the highest in 1972 and the lowest in 2010 for lake areas is 78.16 km² with 11.52% of net areas in decease. The spatial variations of lake areas are characterized by the general shrink in areas from 1972 to 2010. Particularly, the shrinking distance reaches to 1.62 km in eastern part of the lake with 42.63 m/a and 1.52 km in northwestern part of the lake with 40.00 m/a. The area variations of the lake are mainly caused by precipitation fluctuation and the increasing evaporation within the basin. Especially, obvious increasing evaporation from 2004 is dedicated to shrinking in lake area and the significant temperature increase through increasing evaporation accelerates this process. Therefore, the area variation of Yamzho Yumco Lake reflects the response of inland lake mainly supplied by rainfall in semi arid climate zone in TP to climate change. The impact of human activity and the engineering measures such power plant construction on the lake area variation is limited. However, if the design goal of the Yamzho Yumco Pumped Storage Power Station to keep in water balance between lake and river is not fulfilled, the impact of the power station on water volume and lake areas should be considered.

Keywords: lake area variation; remote sensing analysis; Yamzho Yumco lake; Tibetan Plateau

附　录

附表 1　草地地上生物量采样点信息

Annexed Table 1　Aboveground biomass sampling site information in the central Tibet

观测点	经度(°)	纬度(°)	高程(m)	草地类型	植被类型	采样时间
日多 A	92.2927	29.6908	4418	高寒草甸	高山嵩草	2004 年 1 月 10 日至 2004 年 12 月 29 日
日多 B	92.0968	29.7099	4150	低地高寒沼泽化灌丛草甸	小叶金露梅(杜鹃)、高山嵩草	2004 年 1 月 10 日至 2004 年 12 月 29 日
拉姆乡	91.5444	29.8043	3720	温性干草原	藏白嵩、藏黄芪、紫花针茅	2004 年 1 月 10 日至 2004 年 12 月 29 日
拉萨	91.1452	29.6251	3693	温性干草原	藏白嵩、白草	2004 年 2 月 11 日至 2004 年 12 月 29 日
当雄 A	91.1257	30.4975	4233	低地高寒沼泽化草甸	藏北嵩草	2004 年 1 月 12 日至 2004 年 12 月 30 日
当雄 B	91.0959	30.4948	4249	高寒草原	紫花针茅、小莎草	2004 年 1 月 19 日至 2004 年 12 月 30 日
当雄 C	90.9724	30.4127	4216	高寒草甸	高山嵩草、圆穗蓼	2004 年 1 月 12 日至 2004 年 12 月 30 日
当雄 D	90.6275	30.2000	4590	高寒草甸	高山嵩草	2004 年 1 月 12 日至 2004 年 12 月 30 日
当雄 F	90.8933	30.3574	4236	低地高寒沼泽化草甸	高山嵩草	2004 年 9 月 29 日至 2004 年 12 月 30 日
羊巴井	90.4720	30.0761	4300	高寒草原	紫花针茅、小莎草	2004 年 1 月 12 日至 2004 年 12 月 30 日
林周牦牛选育场	91.2363	30.0919	4546	高寒草甸	高山嵩草	2004 年 5 月 14 日至 2004 年 12 月 15 日

附表 2 典型高寒草甸类型采样点日多 A 和当雄 D 每月两次观测数据

Annexed table 2 Sampling data record of typical alpine meadow in Riduo A and Dangxiong D

采样点	采样时间	土壤含水率(%)	平均覆盖度(%)	鲜重(g·m⁻²)	干枯重(g·m⁻²)	总地上生物量(g·m⁻²)
日多 A	2004 年 1 月 10 日		72		41.4	41.4
日多 A	2004 年 1 月 18 日	30.1	80		42.3	42.3
日多 A	2004 年 2 月 11 日	6.5	89		31.3	31.3
日多 A	2004 年 2 月 28 日	10.6	78		24.5	24.5
日多 A	2004 年 3 月 11 日	17.3	88		19.9	19.9
日多 A	2004 年 3 月 24 日	16.3	77		23.7	23.7
日多 A	2004 年 4 月 12 日	36.2	82		39.5	39.5
日多 A	2004 年 4 月 29 日	76.7	83	1.9	20.6	22.5
日多 A	2004 年 5 月 12 日	22.8	88	1.3	34.9	36.1
日多 A	2004 年 5 月 28 日	21.0	82	7.1	13.9	21.0
日多 A	2004 年 6 月 10 日	24.4	93	7.1	21.8	29.0
日多 A	2004 年 6 月 29 日	47.5	77	32.2	2.1	34.3
日多 A	2004 年 7 月 13 日	64.1	97	57.0	5.0	62.0
日多 A	2004 年 7 月 27 日	45.6	82	65.2	5.0	70.3
日多 A	2004 年 8 月 12 日	47.8	73	63.6	2.7	66.2
日多 A	2004 年 8 月 29 日	30.0	92	47.2	2.5	49.7
日多 A	2004 年 9 月 13 日	8.8	70	33.7	3.4	37.1
日多 A	2004 年 9 月 27 日	53.4	90	21.6	29.2	50.8
日多 A	2004 年 10 月 12 日	46.1	80		21.8	21.8
日多 A	2004 年 10 月 27 日	46.5	80		27.4	27.4
日多 A	2004 年 11 月 11 日	44.5	53		7.3	7.3
日多 A	2004 年 11 月 26 日	38.2	57		29.1	29.1
日多 A	2004 年 12 月 14 日	13.0	70		38.1	38.1
日多 A	2004 年 12 月 29 日	37.6	83		31.5	31.5
当雄 D	2004 年 1 月 12 日		28		17.2	17.2
当雄 D	2004 年 2 月 12 日	3.7	50		22.1	22.1
当雄 D	2004 年 2 月 29 日	5.6	17		10.1	10.1
当雄 D	2004 年 3 月 12 日	6.2	52		20.7	20.7
当雄 D	2004 年 3 月 25 日	6.9	30		16.4	16.4
当雄 D	2004 年 4 月 30 日	7.8	22		9.9	9.9
当雄 D	2004 年 5 月 13 日	4.9	72	3.2	13.6	16.7
当雄 D	2004 年 5 月 29 日	10.7	35	8.5	4.8	13.3
当雄 D	2004 年 6 月 11 日	9.2	43	8.0	4.6	12.6
当雄 D	2004 年 6 月 30 日	15.7	57	40.2	0.0	40.2
当雄 D	2004 年 7 月 14 日	25.1	65	40.7	2.5	43.3
当雄 D	2004 年 7 月 28 日	26.2	60	43.7	2.7	46.4
当雄 D	2004 年 8 月 17 日	27.8	77	52.9	3.8	56.7

续表

采样点	采样时间	土壤含水率(%)	平均覆盖度(%)	鲜重(g·m⁻²)	干枯重(g·m⁻²)	总地上生物量(g·m⁻²)
当雄 D	2004 年 8 月 30 日	11.2	47	42.6	0.0	42.6
当雄 D	2004 年 9 月 14 日	12.2	47	50.3	2.7	52.9
当雄 D	2004 年 9 月 29 日	15.3	35	20.7	23.0	43.7
当雄 D	2004 年 10 月 13 日	29.0	28	6.3	23.7	30.0
当雄 D	2004 年 10 月 28 日	6.8	45		24.5	24.5
当雄 D	2004 年 11 月 13 日	5.8	40		9.1	9.1
当雄 D	2004 年 11 月 29 日	4.0	63		27.7	27.7
当雄 D	2004 年 12 月 15 日	1.4	43		29.3	29.3
当雄 D	2004 年 12 月 30 日	4.4	35		17.2	17.2

注:所有生物量观测数据加了 5% 的采样误差。

附表 3　典型高寒草原类型采样点当雄 B 和羊八井观测点每月两次观测数据

Annexed table 3　Sampling data record of typical alpine steppe in Dangxiong B and Yangbajing

采样点	采样时间	土壤含水率(%)	平均覆盖度(%)	鲜重(g·m⁻²)	干枯重(g·m⁻²)	总地上生物量(g·m⁻²)
当雄 B	2004 年 1 月 19 日	3.9	20		14.3	14.3
当雄 B	2004 年 2 月 12 日	5.0	27		17.2	17.2
当雄 B	2004 年 2 月 29 日	3.1	18		20.2	20.2
当雄 B	2004 年 3 月 12 日	3.8	23		70.0	70.0
当雄 B	2004 年 3 月 25 日	4.4	20		9.9	9.9
当雄 B	2004 年 4 月 13 日	4.2	12		13.3	13.3
当雄 B	2004 年 4 月 30 日	1.7	13	1.3	7.8	9.1
当雄 B	2004 年 5 月 13 日	2.2	7	4.3	9.8	14.1
当雄 B	2004 年 5 月 29 日	10.8	23	6.6	8.8	15.4
当雄 B	2004 年 6 月 11 日	18.1	17	17.6	7.1	24.8
当雄 B	2004 年 6 月 30 日	11.8	18	31.5	0.0	31.5
当雄 B	2004 年 7 月 14 日	18.9	40	36.4	2.1	38.5
当雄 B	2004 年 7 月 28 日	19.4	50	53.9	3.8	57.7
当雄 B	2004 年 8 月 17 日	13.4	50	45.1	13.2	58.2
当雄 B	2004 年 8 月 30 日	4.7	43	44.0	0.0	44.0
当雄 B	2004 年 9 月 14 日	1.4	33	37.4	4.2	41.6
当雄 B	2004 年 9 月 29 日	14.6	33	38.9	17.1	56.0
当雄 B	2004 年 10 月 13 日	26.3	20	5.0	21.7	26.7
当雄 B	2004 年 10 月 28 日	4.5	17		24.6	24.6
当雄 B	2004 年 11 月 13 日	3.3	15		7.7	7.7
当雄 B	2004 年 12 月 15 日	6.0	18		23.7	23.7
当雄 B	2004 年 12 月 30 日	3.0	18		23.8	23.8
羊八井	2004 年 1 月 12 日		28		5.4	5.4

采样点	采样时间	土壤含水率(%)	平均覆盖度(%)	鲜重(g·m⁻²)	干枯重(g·m⁻²)	总地上生物量 (g·m⁻²)
羊八井	2004年2月12日	2.3	30		14.4	14.4
羊八井	2004年2月29日	1.3	27		15.0	15.0
羊八井	2004年3月12日	2.8	30		16.3	16.3
羊八井	2004年3月25日	0.9	30		19.3	19.3
羊八井	2004年4月13日	2.6	53		22.8	22.8
羊八井	2004年4月30日	2.2	23	2.1	12.0	14.1
羊八井	2004年5月13日	0.7	10	6.0	9.8	15.8
羊八井	2004年5月29日	5.3	42	11.5	16.0	27.4
羊八井	2004年6月11日	8.8	43	19.9	3.4	23.2
羊八井	2004年6月30日	9.2	42	36.4	0.0	36.4
羊八井	2004年7月14日	18.2	33	39.1	2.5	41.6
羊八井	2004年7月28日	16.5	47	48.7	4.8	53.5
羊八井	2004年8月17日	16.9	50	43.7	9.5	53.1
羊八井	2004年8月30日	7.5	43	44.7	0.0	44.7
羊八井	2004年9月14日	3.9	37	31.9	10.4	42.3
羊八井	2004年9月29日	28.2	32	26.2	24.9	51.1
羊八井	2004年10月13日	38.7	23		29.5	29.5
羊八井	2004年10月28日	23.6	35		34.4	34.4
羊八井	2004年11月13日	1.2	22		10.4	10.4
羊八井	2004年11月29日	1.3	38		23.8	23.8
羊八井	2004年12月15日	3.1	50		38.9	38.9
羊八井	2004年12月30日	1.2	47		40.2	40.2

注:所有生物量观测数据加了5%的采样误差。

附表4　温性草原类型采样点拉萨和拉木乡每月两次观测数据

Annexed table 4　Sampling data record of temperate grassland in Lhasa and Lhamu

采样点	采样时间	土壤含水率(%)	平均覆盖度(%)	鲜重(g·m⁻²)	干枯重(g·m⁻²)	总地上生物量 (g·m⁻²)
拉木乡	2004年1月10日		30		68.9	68.9
拉木乡	2004年1月18日	3.9	70		60.6	60.6
拉木乡	2004年2月11日	2.8	87		61.7	61.7
拉木乡	2004年2月28日	2.2	57		54.5	54.5
拉木乡	2004年3月11日	3.1	83		64.3	64.3
拉木乡	2004年3月24日	3.1	45		27.3	27.3
拉木乡	2004年4月12日	6.2	43	2.5	22.1	24.6
拉木乡	2004年4月29日	3.8	27	7.3	30.2	37.5
拉木乡	2004年5月12日	0.6	15	3.6	14.8	18.5
拉木乡	2004年5月28日	3.2	37	9.5	15.3	24.8
拉木乡	2004年6月10日	6.2	37	13.9	14.0	27.9

续表

采样点	采样时间	土壤含水率(%)	平均覆盖度(%)	鲜重(g·m^{-2})	干枯重(g·m^{-2})	总地上生物量(g·m^{-2})
拉木乡	2004 年 6 月 29 日	7.4	43	30.0	8.1	38.1
拉木乡	2004 年 7 月 13 日	18.6	90	47.0	5.0	52.1
拉木乡	2004 年 7 月 27 日	16.9	73	55.2	5.3	60.4
拉木乡	2004 年 8 月 12 日	11.2	50	77.1	10.1	87.2
拉木乡	2004 年 8 月 29 日	3.3	52	44.2	11.3	55.6
拉木乡	2004 年 9 月 13 日	6.5	55	49.4	14.4	63.8
拉木乡	2004 年 9 月 27 日	5.5	43	23.7	26.0	49.7
拉木乡	2004 年 10 月 12 日	53.6	50	10.6	40.6	51.2
拉木乡	2004 年 10 月 27 日	4.7	37	4.6	57.3	61.9
拉木乡	2004 年 11 月 11 日	2.9	37		18.8	18.8
拉木乡	2004 年 11 月 26 日	4.6	43		38.8	38.8
拉木乡	2004 年 12 月 14 日	1.7	43		39.2	39.2
拉木乡	2004 年 12 月 29 日	2.9	43		37.8	37.8
拉萨	2004 年 2 月 11 日	0.7	67		60.8	60.8
拉萨	2004 年 2 月 28 日	0.9	50		93.0	93.0
拉萨	2004 年 3 月 11 日	1.4	58		55.6	55.6
拉萨	2004 年 3 月 24 日	2.5	82		88.5	88.5
拉萨	2004 年 4 月 12 日	3.2	62		81.9	81.9
拉萨	2004 年 4 月 29 日	6.6	45	4.5	137.9	142.4
拉萨	2004 年 5 月 12 日	0.3	82	2.5	109.8	112.3
拉萨	2004 年 5 月 28 日	5.6	77	22.5	37.1	59.6
拉萨	2004 年 6 月 10 日	2.5	49	26.9	32.3	59.2
拉萨	2004 年 6 月 29 日	3.3	48	51.1	4.4	55.5
拉萨	2004 年 7 月 13 日	18.0	90	64.5	7.4	71.9
拉萨	2004 年 7 月 27 日	16.2	63	86.7	9.7	96.4
拉萨	2004 年 8 月 12 日	16.9	57	82.5	36.1	118.7
拉萨	2004 年 8 月 29 日	20.8	47	66.1	0.0	66.1
拉萨	2004 年 9 月 13 日	5.6	50	87.6	22.5	110.2
拉萨	2004 年 9 月 27 日	23.1	65	49.6	46.3	95.9
拉萨	2004 年 10 月 12 日	62.6	92	36.4	108.8	145.2
拉萨	2004 年 10 月 27 日	3.1	67	10.5	103.6	114.1
拉萨	2004 年 11 月 11 日	1.5	47		29.7	29.7
拉萨	2004 年 11 月 26 日	4.5	60		72.7	72.7
拉萨	2004 年 12 月 14 日	1.1	53		68.0	68.0
拉萨	2004 年 12 月 29 日	1.0	70		88.1	88.1

注:所有生物量观测数据加了 5% 的采样误差。

附表 5 其余采样点每月两次观测数据

Annexed table 5 Data record in other Sampling sites

采样点	采样时间	土壤含水率(%)	平均覆盖度(%)	鲜重(g·m^{-2})	干枯重(g·m^{-2})	总地上生物量 (g·m^{-2})
当雄 A	2004 年 1 月 12 日		100		343.6	343.6
当雄 A	2004 年 1 月 19 日	88.4	100		313.2	313.2
当雄 A	2004 年 2 月 12 日	198.6	100		296.5	296.5
当雄 A	2004 年 2 月 29 日	84.2	100		221.3	221.3
当雄 A	2004 年 3 月 12 日	85.8	98		248.9	248.9
当雄 A	2004 年 3 月 25 日	102.0	100		169.4	169.4
当雄 A	2004 年 4 月 13 日	83.1	100		311.2	311.2
当雄 A	2004 年 4 月 30 日	87.7	98	2.5	48.0	50.5
当雄 A	2004 年 5 月 13 日	85.6	98	21.1	106.3	127.4
当雄 A	2004 年 5 月 29 日	74.6	100	85.3	152.9	238.1
当雄 A	2004 年 6 月 11 日	83.6	99	84.1	68.9	153.0
当雄 A	2004 年 6 月 30 日	94.6	100	186.6	64.7	251.3
当雄 A	2004 年 7 月 14 日	123.8	100	310.7	18.1	328.7
当雄 A	2004 年 7 月 28 日	126.0	100	583.8	72.1	655.9
当雄 A	2004 年 8 月 17 日	126.2	100	541.2	47.9	589.1
当雄 A	2004 年 8 月 30 日	15.8	100	459.6	0.0	459.6
当雄 A	2004 年 9 月 14 日	88.3	100	619.3	90.3	709.6
当雄 A	2004 年 9 月 29 日	107.9	100	613.6	99.8	713.4
当雄 A	2004 年 10 月 13 日	86.1	100	62.0	470.0	532.0
当雄 A	2004 年 10 月 28 日	106.1	100	10.2	560.6	570.8
当雄 A	2004 年 11 月 13 日	135.0	100	52.1	378.1	430.2
当雄 A	2004 年 12 月 15 日	47.3	100		567.7	567.7
当雄 A	2004 年 12 月 30 日	108.8	100		512.5	512.5
日多 B	2004 年 1 月 10 日		95		174.6	174.6
日多 B	2004 年 2 月 11 日	61.1	100		240.1	240.1
日多 B	2004 年 2 月 28 日	83.3	78		234.4	234.4
日多 B	2004 年 3 月 11 日	82.7	100		267.7	267.7
日多 B	2004 年 3 月 24 日	68.9	97		69.6	69.6
日多 B	2004 年 4 月 12 日	73.4	98	2.9	237.2	240.1
日多 B	2004 年 4 月 29 日	141.7	90	11.5	84.0	95.5
日多 B	2004 年 5 月 12 日	85.3	67	46.5	158.1	204.5
日多 B	2004 年 5 月 28 日	90.3	100	123.6	131.0	254.7
日多 B	2004 年 6 月 10 日	84.5	100	172.3	124.2	296.5
日多 B	2004 年 6 月 29 日	66.0	100	185.6	7.8	193.4
日多 B	2004 年 7 月 13 日	104.2	100	208.3	31.9	240.2
日多 B	2004 年 7 月 27 日	64.6	100	250.2	20.2	270.3
日多 B	2004 年 8 月 12 日	65.3	100	245.7	81.3	327.0
日多 B	2004 年 8 月 29 日	36.8	98	190.1	22.7	212.7

续表

采样点	采样时间	土壤含水率(%)	平均覆盖度(%)	鲜重(g·m⁻²)	干枯重(g·m⁻²)	总地上生物量(g·m⁻²)
日多 B	2004 年 9 月 13 日	14.2	100	236.0	62.4	298.5
日多 B	2004 年 9 月 27 日	110.8	98	229.6	66.2	295.8
日多 B	2004 年 10 月 12 日	133.3	100	63.1	117.6	180.7
日多 B	2004 年 10 月 27 日	78.2	95	6.3	229.0	235.3
日多 B	2004 年 11 月 11 日	109.4	83		135.5	135.5
日多 B	2004 年 11 月 26 日	117.9	98		238.7	238.7
日多 B	2004 年 12 月 14 日	36.7	87		189.6	189.6
日多 B	2004 年 12 月 29 日	53.4	90		266.3	266.3
当雄 C	2004 年 1 月 12 日		50		30.2	30.2
当雄 C	2004 年 1 月 19 日	2.8	88		67.6	67.6
当雄 C	2004 年 2 月 12 日	4.5	70		35.8	35.8
当雄 C	2004 年 2 月 29 日	3.3	38		33.5	33.5
当雄 C	2004 年 3 月 12 日	2.7	47		48.4	48.4
当雄 C	2004 年 3 月 25 日	3.5	35	3.4	25.1	28.4
当雄 C	2004 年 4 月 13 日	4.0	57	0.0	35.3	35.3
当雄 C	2004 年 4 月 30 日	2.2	37	2.4	40.2	42.6
当雄 C	2004 年 5 月 13 日	0.4	57	16.5	13.9	30.4
当雄 C	2004 年 5 月 29 日	9.6	60	6.9	7.0	13.8
当雄 C	2004 年 6 月 11 日	14.2	38	16.7	8.1	24.8
当雄 C	2004 年 6 月 30 日	14.9	53	40.2	0.0	40.2
当雄 C	2004 年 7 月 14 日	22.7	85	64.3	4.8	69.1
当雄 C	2004 年 7 月 28 日	18.2	85	83.2	42.8	126.0
当雄 C	2004 年 8 月 17 日	17.9	72	70.1	21.7	91.8
当雄 C	2004 年 8 月 30 日	9.1	73	50.7	2.5	53.2
当雄 C	2004 年 9 月 14 日	6.8	63	44.9	33.2	78.1
当雄 C	2004 年 9 月 29 日	12.5	43	18.9	39.6	58.5
当雄 C	2004 年 10 月 13 日	31.7	80	14.0	57.0	71.0
当雄 C	2004 年 10 月 28 日	3.4	57		42.7	42.7
当雄 C	2004 年 11 月 13 日	1.5	47		19.5	19.5
当雄 C	2004 年 11 月 29 日	1.8	60		30.0	30.0
当雄 C	2004 年 12 月 15 日	1.1	43		37.1	37.1
当雄 C	2004 年 12 月 30 日	2.1	50		42.1	42.1
当雄 F	2004 年 9 月 29 日	44.3	87	208.2	67.5	275.7
当雄 F	2004 年 10 月 28 日	79.5	92		190.7	190.7
当雄 F	2004 年 11 月 29 日	101.9	98		187.0	187.0
当雄 F	2004 年 12 月 30 日	64.7	90		125.2	125.2
林周选育场	2004 年 5 月 14 日			22.3	44.9	67.2
林周选育场	2004 年 5 月 28 日			19.7	27.3	47.0
林周选育场	2004 年 7 月 14 日			81.1	7.1	88.2

采样点	采样时间	土壤含水率(%)	平均覆盖度(%)	鲜重(g·m^{-2})	干枯重(g·m^{-2})	总地上生物量 (g·m^{-2})
林周选育场	2004 年 7 月 28 日			87.4	0.0	87.4
林周选育场	2004 年 8 月 14 日			148.3	35.7	184.0
林周选育场	2004 年 8 月 28 日			58.4	6.3	64.7
林周选育场	2004 年 9 月 15 日			55.4	28.1	83.6
林周选育场	2004 年 9 月 29 日			19.7	42.8	62.6
林周选育场	2004 年 10 月 14 日			23.5	31.1	54.6
林周选育场	2004 年 10 月 28 日			2.9	11.3	14.3
林周选育场	2004 年 11 月 15 日				18.9	18.9
林周选育场	2004 年 11 月 26 日				38.2	38.2
林周选育场	2004 年 12 月 15 日				20.6	20.6

注:所有生物量观测数据加了 5% 的采样误差。

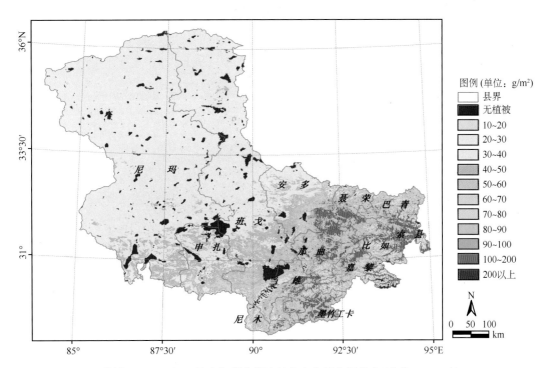

彩图 1　2004 年 9 月中旬藏北草地地上生物量空间分布(单位:g・m⁻²)

Color figure 1　The spatial distributions of AGB for the North Tibet in mid-September of 2004

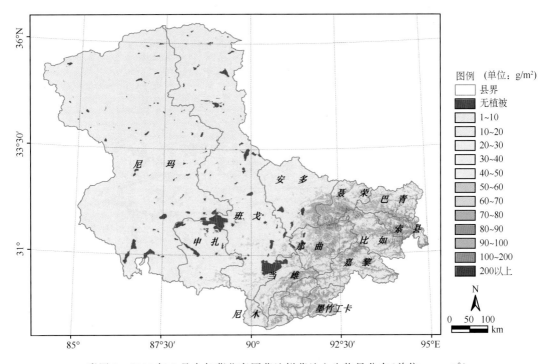

彩图 2　2004 年 9 月中旬藏北高原草地鲜草地上生物量分布(单位:g・m⁻²)

Color figure 2　The spatial distributions of fresh AGB for the North Tibet in mid-September of 2004

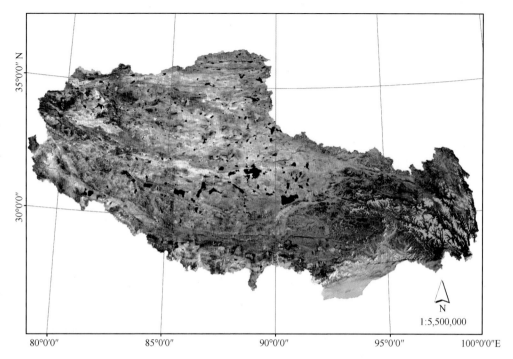

彩图 3　西藏高原 MODIS 6-2-1 波段合成图像（接收日期：2004 年 9 月 13 日和 14 日）
Color figure 3　MODIS band 6-2-1composite image of Tibet (Date：September 13&14，2004)

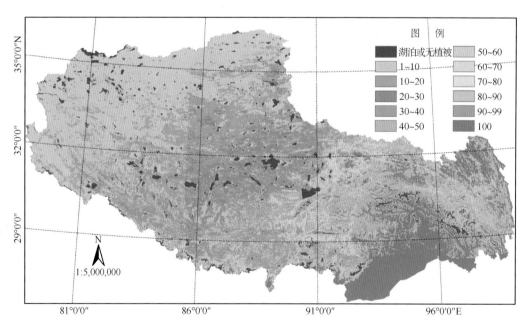

彩图 4　基于 MODIS 的 2004 年 9 月中旬西藏高原植被覆盖度空间分布（单位：%）
Color figure 4　The spatial distribution of vegetation coverage on the Tibet in mid-September
of 2004 using MODIS imagery

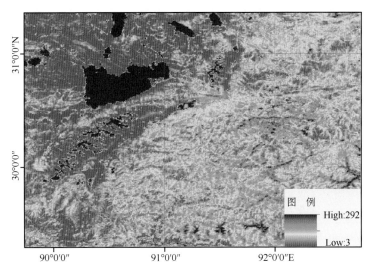

彩图 5　西藏高原中部 2004 年 9 月 14 日土壤重量含水率空间分布（单位：%）
Color Figure 5　Soil moisture content in September 14 of 2004 in the central Tibet

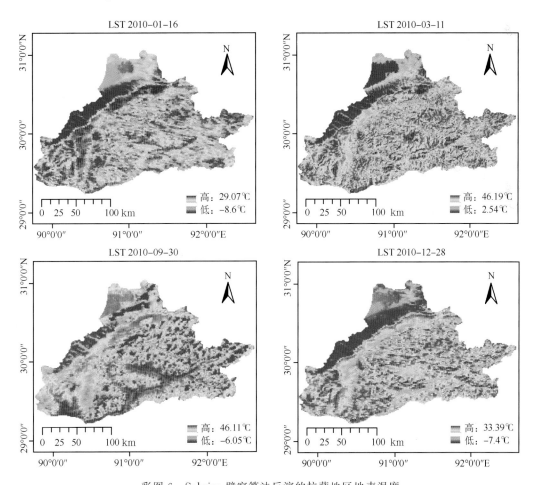

彩图 6　Sobrino 劈窗算法反演的拉萨地区地表温度
Color figure 6　Land surface temperature in Lhasa area retrieved using Sobrino split-window algorithm

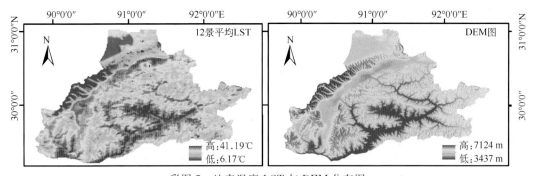

彩图 7　地表温度 LST 与 DEM 分布图

Color Figure 7　Spatial distribution of the retrieved LST and DEM

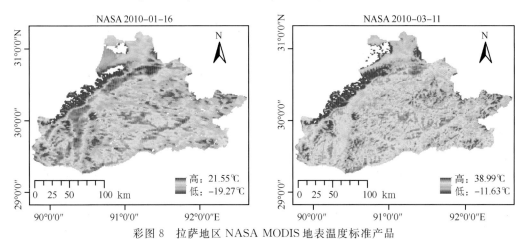

彩图 8　拉萨地区 NASA MODIS 地表温度标准产品

Color figure 8　NASA MODIS standard land surface temperature products in Lhasa area

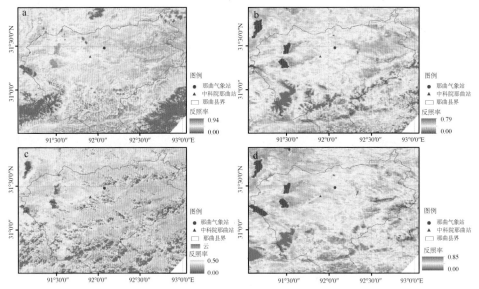

彩图 9　不同季节藏北那曲反照率空间分布

(a)2007 年 1 月 19 日,(b)2007 年 4 月 17 日,

(c)2007 年 7 月 23 日和(d)2007 年 10 月 26 日

Color figure 9　The spatial distribution of albedo in Nakchu of the North Tibet in January 19(a),

April 17(b), July 23 (c) and October 26(d) in 2007